清华大学优秀博士学位论文丛书

边界对纳米结构的热流调控研究

叶振强 著　Ye Zhenqiang

Study on Heat Flow Manipulation
in Nanostructures Based on Interface

清华大学出版社
北　京

内 容 简 介

本书主要从四个方面研究了纳米尺度下边界对热流的影响和调控：石墨烯纳米带边界形状的影响；聚酰胺/硅纳米线界面的热整流效应的实验和分子动力学研究；氢化石墨烯界面的热隐形效应的分子动力学研究；固/液界面的热增强效应的分子动力学研究。希望可以为分子动力学相关领域的研究者提供帮助。

版权所有，侵权必究。侵权举报电话：010-62782989　13701121933

图书在版编目(CIP)数据

边界对纳米结构的热流调控研究/叶振强著. —北京：清华大学出版社，2019
（清华大学优秀博士学位论文丛书）
ISBN 978-7-302-53360-3

Ⅰ.①边… Ⅱ.①叶… Ⅲ.①纳米材料－热流－调控－研究 Ⅳ.①TB383

中国版本图书馆 CIP 数据核字(2019)第 168446 号

责任编辑：黎　强　戚　亚
封面设计：傅瑞学
责任校对：王淑云
责任印制：沈　露

出版发行：清华大学出版社
　　　　　网　　址：http://www.tup.com.cn，http://www.wqbook.com
　　　　　地　　址：北京清华大学学研大厦 A 座　　邮　编：100084
　　　　　社 总 机：010-62770175　　邮　购：010-62786544
　　　　　投稿与读者服务：010-62776969，c-service@tup.tsinghua.edu.cn
　　　　　质量反馈：010-62772015，zhiliang@tup.tsinghua.edu.cn
印　刷　者：三河市铭诚印务有限公司
装　订　者：三河市启晨纸制品加工有限公司
经　　　销：全国新华书店
开　　　本：155mm×235mm　　印　张：9.5　　字　数：159 千字
版　　　次：2019 年 10 月第 1 版　　印　次：2019 年 10 月第 1 次印刷
定　　　价：99.00 元

产品编号：080952-01

一流博士生教育
体现一流大学人才培养的高度(代丛书序)①

人才培养是大学的根本任务。只有培养出一流人才的高校,才能够成为世界一流大学。本科教育是培养一流人才最重要的基础,是一流大学的底色,体现了学校的传统和特色。博士生教育是学历教育的最高层次,体现出一所大学人才培养的高度,代表着一个国家的人才培养水平。清华大学正在全面推进综合改革,深化教育教学改革,探索建立完善的博士生选拔培养机制,不断提升博士生培养质量。

学术精神的培养是博士生教育的根本

学术精神是大学精神的重要组成部分,是学者与学术群体在学术活动中坚守的价值准则。大学对学术精神的追求,反映了一所大学对学术的重视、对真理的热爱和对功利性目标的摒弃。博士生教育要培养有志于追求学术的人,其根本在于学术精神的培养。

无论古今中外,博士这一称号都是和学问、学术紧密联系在一起,和知识探索密切相关。我国的博士一词起源于2000多年前的战国时期,是一种学官名。博士任职者负责保管文献档案、编撰著述,须知识渊博并负有传授学问的职责。东汉学者应劭在《汉官仪》中写道:"博者,通博古今;士者,辩于然否。"后来,人们逐渐把精通某种职业的专门人才称为博士。博士作为一种学位,最早产生于12世纪,最初它是加入教师行会的一种资格证书。19世纪初,德国柏林大学成立,其哲学院取代了以往神学院在大学中的地位,在大学发展的历史上首次产生了由哲学院授予的哲学博士学位,并赋予了哲学博士深层次的教育内涵,即推崇学术自由、创造新知识。哲学博士的设立标志着现代博士生教育的开端,博士则被定义为独立从事学术研究、具备创造新知识能力的人,是学术精神的传承者和光大者。

---

① 本文首发于《光明日报》,2017年12月5日。

博士生学习期间是培养学术精神最重要的阶段。博士生需要接受严谨的学术训练,开展深入的学术研究,并通过发表学术论文、参与学术活动及博士论文答辩等环节,证明自身的学术能力。更重要的是,博士生要培养学术志趣,把对学术的热爱融入生命之中,把捍卫真理作为毕生的追求。博士生更要学会如何面对干扰和诱惑,远离功利,保持安静、从容的心态。学术精神特别是其中所蕴含的科学理性精神、学术奉献精神不仅对博士生未来的学术事业至关重要,对博士生一生的发展都大有裨益。

独创性和批判性思维是博士生最重要的素质

博士生需要具备很多素质,包括逻辑推理、言语表达、沟通协作等,但是最重要的素质是独创性和批判性思维。

学术重视传承,但更看重突破和创新。博士生作为学术事业的后备力量,要立志于追求独创性。独创意味着独立和创造,没有独立精神,往往很难产生创造性的成果。1929年6月3日,在清华大学国学院导师王国维逝世二周年之际,国学院师生为纪念这位杰出的学者,募款修造"海宁王静安先生纪念碑",同为国学院导师的陈寅恪先生撰写了碑铭,其中写道:"先生之著述,或有时而不章;先生之学说,或有时而可商;惟此独立之精神,自由之思想,历千万祀,与天壤而同久,共三光而永光。"这是对于一位学者的极高评价。中国著名的史学家、文学家司马迁所讲的"究天人之际,通古今之变,成一家之言"也是强调要在古今贯通中形成自己独立的见解,并努力达到新的高度。博士生应该以"独立之精神、自由之思想"来要求自己,不断创造新的学术成果。

诺贝尔物理学奖获得者杨振宁先生曾在20世纪80年代初对到访纽约州立大学石溪分校的90多名中国学生、学者提出:"独创性是科学工作者最重要的素质。"杨先生主张做研究的人一定要有独创的精神、独到的见解和独立研究的能力。在科技如此发达的今天,学术上的独创性变得越来越难,也愈加珍贵和重要。博士生要树立敢为天下先的志向,在独创性上下功夫,勇于挑战最前沿的科学问题。

批判性思维是一种遵循逻辑规则、不断质疑和反省的思维方式,具有批判性思维的人勇于挑战自己、敢于挑战权威。批判性思维的缺乏往往被认为是中国学生特有的弱项,也是我们在博士生培养方面存在的一个普遍问题。2001年,美国卡内基基金会开展了一项"卡内基博士生教育创新计划",针对博士生教育进行调研,并发布了研究报告。该报告指出:在美国和欧洲,培养学生保持批判而质疑的眼光看待自己、同行和导师的观点同样非常不容易,批判性思维的培养必须要成为博士生培养项目的组成部分。

对于博士生而言,批判性思维的养成要从如何面对权威开始。为了鼓励学生质疑学术权威、挑战现有学术范式,培养学生的挑战精神和创新能力,清华大学在2013年发起"巅峰对话",由学生自主邀请各学科领域具有国际影响力的学术大师与清华学生同台对话。该活动迄今已经举办了21期,先后邀请17位诺贝尔奖、3位图灵奖、1位菲尔兹奖获得者参与对话。诺贝尔化学奖得主巴里·夏普莱斯(Barry Sharpless)在2013年11月来清华参加"巅峰对话"时,对于清华学生的质疑精神印象深刻。他在接受媒体采访时谈道:"清华的学生无所畏惧,请原谅我的措辞,但他们真的很有胆量。"这是我听到的对清华学生的最高评价,博士生就应该具备这样的勇气和能力。培养批判性思维更难的一层是要有勇气不断否定自己,有一种不断超越自己的精神。爱因斯坦说:"在真理的认识方面,任何以权威自居的人,必将在上帝的嬉笑中垮台。"这句名言应该成为每一位从事学术研究的博士生的箴言。

提高博士生培养质量有赖于构建全方位的博士生教育体系

一流的博士生教育要有一流的教育理念,需要构建全方位的教育体系,把教育理念落实到博士生培养的各个环节中。

在博士生选拔方面,不能简单按考分录取,而是要侧重评价学术志趣和创新潜力。知识结构固然重要,但学术志趣和创新潜力更关键,考分不能完全反映学生的学术潜质。清华大学在经过多年试点探索的基础上,于2016年开始全面实行博士生招生"申请-审核"制,从原来的按照考试分数招收博士生转变为按科研创新能力、专业学术潜质招收,并给予院系、学科、导师更大的自主权。《清华大学"申请-审核"制实施办法》明晰了导师和院系在考核、遴选和推荐上的权力和职责,同时确定了规范的流程及监管要求。

在博士生指导教师资格确认方面,不能论资排辈,要更看重教师的学术活力及研究工作的前沿性。博士生教育质量的提升关键在于教师,要让更多、更优秀的教师参与到博士生教育中来。清华大学从2009年开始探索将博士生导师评定权下放到各学位评定分委员会,允许评聘一部分优秀副教授担任博士生导师。近年来学校在推进教师人事制度改革过程中,明确教研系列助理教授可以独立指导博士生,让富有创造活力的青年教师指导优秀的青年学生,师生相互促进、共同成长。

在促进博士生交流方面,要努力突破学科领域的界限,注重搭建跨学科的平台。跨学科交流是激发博士生学术创造力的重要途径,博士生要努力提升在交叉学科领域开展科研工作的能力。清华大学于2014年创办了"微沙龙"平台,同学们可以通过微信平台随时发布学术话题、寻觅学术伙伴。3年来,博士生参与和发起"微沙龙"12 000多场,参与博士生达38 000多人次。"微沙龙"促进了不同学科学生之间的思想碰撞,激发了同学们的学术志趣。清华于2002年创办了博士生论坛,论坛由同学自己组织,师生共同参与。博士生论坛持续举办了500期,开展了18 000多场学术报告,切实起到了师生互动、教学相长、学科交融、促进交流的作用。学校积极资助博士生到世界一流大学开展交流与合作研究,超过60%的博士生有海外访学经历。清华于2011年设立了发展中国家博士生项目,鼓励学生到发展中国家亲身体验和调研,在全球化背景下研究发展中国家的各类问题。

在博士学位评定方面,权力要进一步下放,学术判断应该由各领域的学者来负责。院系二级学术单位应该在评定博士论文水平上拥有更多的权力,也应担负更多的责任。清华大学从2015年开始把学位论文的评审职责授权给各学位评定分委员会,学位论文质量和学位评审过程主要由各学位分委员会进行把关,校学位委员会负责学位管理整体工作,负责制度建设和争议事项处理。

全面提高人才培养能力是建设世界一流大学的核心。博士生培养质量的提升是大学办学质量提升的重要标志。我们要高度重视、充分发挥博士生教育的战略性、引领性作用,面向世界、勇于进取,树立自信、保持特色,不断推动一流大学的人才培养迈向新的高度。

清华大学校长
2017年12月5日

丛书序二

以学术型人才培养为主的博士生教育,肩负着培养具有国际竞争力的高层次学术创新人才的重任,是国家发展战略的重要组成部分,是清华大学人才培养的重中之重。

作为首批设立研究生院的高校,清华大学自20世纪80年代初开始,立足国家和社会需要,结合校内实际情况,不断推动博士生教育改革。为了提供适宜博士生成长的学术环境,我校一方面不断地营造浓厚的学术氛围,一方面大力推动培养模式创新探索。我校已多年运行一系列博士生培养专项基金和特色项目,激励博士生潜心学术、锐意创新,提升博士生的国际视野,倡导跨学科研究与交流,不断提升博士生培养质量。

博士生是最具创造力的学术研究新生力量,思维活跃,求真求实。他们在导师的指导下进入本领域研究前沿,吸取本领域最新的研究成果,拓宽人类的认知边界,不断取得创新性成果。这套优秀博士学位论文丛书,不仅是我校博士生研究工作前沿成果的体现,也是我校博士生学术精神传承和光大的体现。

这套丛书的每一篇论文均来自学校新近每年评选的校级优秀博士学位论文。为了鼓励创新,激励优秀的博士生脱颖而出,同时激励导师悉心指导,我校评选校级优秀博士学位论文已有20多年。评选出的优秀博士学位论文代表了我校各学科最优秀的博士学位论文的水平。为了传播优秀的博士学位论文成果,更好地推动学术交流与学科建设,促进博士生未来发展和成长,清华大学研究生院与清华大学出版社合作出版这些优秀的博士学位论文。

感谢清华大学出版社,悉心地为每位作者提供专业、细致的写作和出版指导,使这些博士论文以专著方式呈现在读者面前,促进了这些最新的优秀研究成果的快速广泛传播。相信本套丛书的出版可以为国内外各相关领域或交叉领域的在读研究生和科研人员提供有益的参考,为相关学科领域的发展和优秀科研成果的转化起到积极的推动作用。

感谢丛书作者的导师们。这些优秀的博士学位论文,从选题、研究到成文,离不开导师的精心指导。我校优秀的师生导学传统,成就了一项项优秀的研究成果,成就了一大批青年学者,也成就了清华的学术研究。感谢导师们为每篇论文精心撰写序言,帮助读者更好地理解论文。

感谢丛书的作者们。他们优秀的学术成果,连同鲜活的思想、创新的精神、严谨的学风,都为致力于学术研究的后来者树立了榜样。他们本着精益求精的精神,对论文进行了细致的修改完善,使之在具备科学性、前沿性的同时,更具系统性和可读性。

这套丛书涵盖清华众多学科,从论文的选题能够感受到作者们积极参与国家重大战略、社会发展问题、新兴产业创新等的研究热情,能够感受到作者们的国际视野和人文情怀。相信这些年轻作者们勇于承担学术创新重任的社会责任感能够感染和带动越来越多的博士生,将论文书写在祖国的大地上。

祝愿丛书的作者们、读者们和所有从事学术研究的同行们在未来的道路上坚持梦想,百折不挠!在服务国家、奉献社会和造福人类的事业中不断创新,做新时代的引领者。

相信每一位读者在阅读这一本本学术著作的时候,在吸取学术创新成果、享受学术之美的同时,能够将其中所蕴含的科学理性精神和学术奉献精神传播和发扬出去。

清华大学研究生院院长
2018 年 1 月 5 日

作者序言

传热学是研究热量传递规律的一门学科,传热的基本方式有热传导、热对流和热辐射三种。热传导是日常生活中最常见的传热方式之一,也是本书关注的重点。热传导是指当不同物体之间或同一物体内部存在温差时,热量就会通过物体内部分子、原子和电子的微观振动、位移和相互碰撞而发生传递的现象。

导热的基本定律是傅里叶导热定律,它指出单位时间内通过给定截面的热量正比于垂直于该截面方向上的温度梯度和截面面积,并且热量传递的方向与温度升高的方向相反。在传统的工业领域里,傅里叶导热定律得到了广泛的应用。但是,傅里叶导热定律是一种唯象定律,它和描述粒子扩散的菲克定律、描述流体黏性的牛顿定律一样,都是基于实验结果得出来的经验规律。唯象定律的研究对象都是平衡态或者准平衡态系统。准平衡态系统是指偏离平衡态不远的系统,这一类系统可以划分成宏观上足够小、微观上足够大的微元,每个微元体系可以看成是平衡态系统。但是,当系统的时间尺度和空间尺度降到足够小的情况下,系统将无法看成准平衡系统。时间尺度的标杆是导热粒子的弛豫时间,它表示系统到达平衡态所需的时间,通常在皮秒量级。空间尺度的标杆是导热粒子的平均自由程,即导热粒子相互发生碰撞前走过的距离,通常在纳米量级。这里的导热粒子因材而异,气体的导热粒子是气体分子,金属的导热粒子是电子和声子,石墨烯等晶体材料的导热粒子则是声子。本书的研究重点是声子导热,声子是量子化的晶格振动的能量,是晶体材料导热过程中的能量载体。

随着科技的发展,纳米技术得到广泛的应用。纳米尺度的狭义定义通常指 $1\sim100\text{nm}$,接近于平均自由程。目前的研究结果表明傅里叶导热定律在纳米尺度下不适用。譬如,对于硅纳米线、碳纳米管、石墨烯等低维纳米材料而言,根据傅里叶导热定律得到的热导率随系统特征尺寸的变化而变化;另外,研究还发现纳米材料边界处的热流密度低于中心区域的热流密度。因此,傅里叶导热定律不能够准确描述纳米结构中的热输运规律。纳米结构的特点就是尺寸小、面体比高，边界影响显著。纳米结构与体材料相比，最大的不同就是边界效应。需要强调的是，界面是一种特殊边界，因此本书中所指的"边界"包含"界面"。由于边界效应，纳米系统的热流由扩散输运引起的扩散热流和弹道输运引起的弹道热流两部分组成，扩散热流可以通过温度梯度描述，而弹道热流则不行。由此可见，研究纳米结构中边界对热流的影响，对弥补现有傅里叶导热定律的不足有着重要意义。

本书围绕边界对热流影响相关的科学问题，从多个方面阐述了如何利用边界实现对热流的调控：

（1）以石墨烯纳米带为研究对象，揭示不同的边界形状对纳米带热流分布的影响，并建立声子气黏性模型来解释边界对热流的影响。

（2）利用实验手段和分子动力学方法研究无机材料/有机材料纳米界面的热整流现象。两种材料性质迥异，有望通过边界的影响来产生热整流现象。

（3）利用氢化石墨烯的界面设计热斗篷。希望通过氢原子构建热流通道，在石墨烯基底上实现纳米尺度热隐形。

（4）研究固/液界面的导热增强现象。以液态氩（Ar）和金属金（Au）为研究对象，用分子动力学方法研究固/液界面附近的热流分布。

以上四方面的内容涉及纳米尺度导热领域热点问题，即尺寸效应、热整流、热隐形、热增流，作者通过具体案例的分析，对相关问题提出了一些解决思路。

作者希望本书内容能够促进热管理、热设计等领域的发展，引起人们对纳米结构中热流研究的重视。书中的研究方法以分子动力学为主，希望能够为广大分子动力学学习者提供帮助。

叶振强
2018 年 10 月

摘　要

纳米结构材料具有尺寸小、面体比高的特点,边界效应显著。针对纳米尺度导热,目前主要关注的是边界对热物性和温度场的影响,而在纳米尺度下,由于傅里叶导热定律不适用,热流无法单纯地通过温度场和热导率描述,不能反映完整的热流场。所以,对热流调控的研究既富有科学意义,又极具应用价值。本书从多个角度研究了纳米尺度下边界对热流的影响和调控。

以宽度约为 4 nm 的石墨烯纳米带为例,研究了扶手椅形和锯齿形边界对色散关系、弛豫时间、比热容、热导率和热流分布的影响。边界使热导率大大降低,并且锯齿形边界的热导率高于扶手椅形的热导率,两者分别为 585.4 W/(m·K) 和 396.8 W/(m·K)。通过研究热流分布发现,界面处热流衰减显著,而且扶手椅形边界的衰减程度大于锯齿形。基于热质理论建立声子气黏性模型,得到扶手椅形和锯齿形的黏度分别为 3.1×10^{-8} Pa·S 和 2.2×10^{-8} Pa·S。扶手椅形纳米带声子气的边界滑移更小,热流更小,热导率更低。

针对聚酰胺(PA)/硅(Si)纳米线界面,首次在实验中观测到纳米线界面产生的热整流效应。结果显示当热流从 Si 流向 PA 时热导更高,热整流系数约为 4%,测量误差小于 1%。分子动力学模拟表明,热整流的主要原因在于正、反热流对应的声子局域化程度不同,热流从 PA 流向 Si 时的局域化程度大于 Si 流向 PA 时,因此后者对应的热导更高。

基于氢化石墨烯界面,设计得到纳米热隐形斗篷。分子动力学模拟分析了影响斗篷热隐形效率的主要因素,包括斗篷厚度、氢化浓度、氢排布方式、官能团质量等。结果表明氢化浓度增加,热隐形效率增加;而斗篷厚度则对结果产生非单调性影响,热隐形效率在特定厚度下达到极大值。氢排布方式对热隐形效率的影响与对热导率的影响完全相反,热导率越低的排布方式对应的热隐形效率越高。增加官能团质量也能够改善热隐形效率。

在液态氩（Ar）和金属金（Au）的界面附近，分子动力学模拟表明 Ar 原子数密度大大增加，出现类似于晶体的规则排布。远离 Ar/Au 界面的 Ar 原子中几乎不存在声子，而在界面附近则激发出大量声子。热导率的计算结果显示近壁面 Ar 原子的热导率相比中心区域升高约 50%，并呈现出各向异性的特点。其中，垂直于界面方向的热导率相对较低。另外，界面势能作用参数越大，导热增强越显著，证实了界面对导热的增强效应。

关键词： 边界；热流调控；热整流；热隐形；热增强

Abstract

Boundary effect is significant at nanoscale because nanomaterials have super high specific surface ratio. The previous studies mostly focus on the influence of the boundary on thermal properties and temperature fields. However, Fourier law is invalid at nanoscale, so the heat flow cannot be described merely based on the thermal conductivity and temperature gradient. There is still no equation can reflect the entire heat flow field, which conceals the mechanism of nanoscale heat transfer in some sense. Hence, the studies on heat flow manipulation is both of scientific and applied significance. In this dissertation, we investigate how boundaries affect heat flow, and how to achieve the manipulation of heat flow.

We study the spectral phonon properties of graphene nanoribbons (GNR), especially on the influence of edge chirality, i. e. armchair and zigzag. Boundary effect leads to a sharp reduction of thermal conductivity. The thermal conductivity of zigzag GNR is higher than armchair GNR, which is 585.4W/(m · K) and 396.8W/(m · K). The heat flow profiles show that a remarkable degradation can be seen nearby the edge. In addition, the heat flow degradation of armchair GNR is stronger than zigzag GNR. We establish the model of phonon gas viscosity based on thermomass theory, estimating that the phonon gas viscosities of armchair GNR and zigzag GNR are 3.1×10^{-8} Pa · S and 2.2×10^{-8} Pa · S. Hence, the heat flow boundary slip of armchair GNR is weaker than zigzag GNR, resulting in a lower heat flow and thermal conductivity of armchair GNR.

The thermal rectification (TR) in polyamide (PA) and silicon (Si) nanowire interface is experimentally investigated for the first of this kind. It shows that the heat flow from Si to PA is favored. TR ratio is about

4% with less than 1% uncertainty. The molecular dynamics simulations show that the mechanism of nanowire interface TR can be explained by the phonon localization theory. The extent of phonon localization of PA-to-Si heat flow is greater than Si-to-PA heat flow. Hence, the latter has higher thermal conductivity.

We designed a graphene-based nanoscale thermal cloak, achieving the thermal cloaking in nanostructures. The influences of cloak thickness, hydrogen fraction, hydrogen distribution and mass of functional group are investigated by the molecular dynamics simulations. It is found that the cloaking performance is correlated with the functionalization fraction and it has a local maximum at a certain thickness, since the heat flow reduction in the exterior and the protected region reverses if the thickness is excessive. The influence of hydrogenation distribution on thermal cloaking is totally opposite to that of the thermal conductivity. The higher thermal conductivity, the poorer thermal cloaking performance. The atomic mass of the functional group is also positively correlated with the cloaking performance.

The molecular dynamics simulations show that the atom density of Ar increases remarkably and a quasi-crystal structure appears nearby the Ar and Au interface. There are no phonons in the Ar atoms that far from the Ar/Au interface. However, the closer to the interface, the more phonons are excited. The thermal conductivity of the Ar atoms nearby the interface is anisotropic, the mean value of which is 50% higher than the thermal conductivity of the atoms far from the interface. The direction that perpendicular to the interface has the lowest thermal conductivity. The increase of interface potential parameters can promote the thermal enhancement nearby the interface. Hence, it is demonstrated that the heat conduction can be enhanced by the interface.

Key words: Boundary; Heat flow manipulation; Thermal rectification; Thermal cloaking; Thermal enhancement

主要符号对照表

A	振幅	[m]
a_0	键长	[m]
c	比热容	[J/(K·m³)]
D	质量扩散系	[m²/s]
$\boldsymbol{D}$	动力学矩阵	
D_h	声子气扩散系数	[m²/s]
E	总能量	[J]
E_k	动能	[J]
E_p	势能	[J]
e	极化向量	
$\boldsymbol{F}$	合外力	[N]
f	声子数密度	
f_0	平衡态下声子数密度	
f_h	单位体积热质阻力	[N/m³]
G	热导	[W/K]
G_p	样品热导	[W/K]
I	电流	[A]
$\boldsymbol{J}$	微观热流	[W]
k_B	玻尔兹曼常数	[J/K]
l	平均自由程	[m]
M_h	声子动量	[kg·m/s]
m_b	原子质量	[kg]
N_T	原胞总数	
p_h	热质压力	[Pa]
Q	简正模式	[m]
	热流	[W]

Q_h	加热端焦耳热	[W]
Q_s	样品热流	[W]
q	波矢	[rad/m]
R	电阻	[Ω]
r_0	原子平衡位置	[m]
r_{ij}	原子间距	[m]
s	原胞内原子总数	
T	温度	[K]
T_H	高温热浴温度	[K]
T_L	低温热浴温度	[K]
t	时间	[s]
u	原子振动波形	[m]
u_h	热质速度	[m/s]
V	体积	[m³]
	电压	[V]
v_g	声子群速度	[m/s]
x,y,z	空间坐标	

希腊符号

α	热扩散系数	[m²/s]
β	单位体积阻力系数	[kg/(s·m³)]
Δ	温度变化	[K]
δ	偏差	
ε	能量参数	[J]
η_c	热汇聚效率	
η_h	声子气黏度	[Pa·s]
η_{TC}	热隐形效率	
η_{TR}	热整流系数	
Λ	频谱区间	
λ	热导率	[W/(m·K)]
ν	频率	[Hz]
ρ_h	热质密度	[kg/m³]

σ	距离参数	[m]
τ	弛豫时间	[s]
τ_B	边界散射弛豫时间	[s]
τ_U	U 过程弛豫时间	[s]
ω	角频率	[Hz]

注:"[ ]"内为单位。

下标

0	体材料参数
	平衡位置
B	边界散射
eff	有效值
H	高温端
h	热质
	加热端
L	低温端
PS	热流从 PA 到 Si
SP	热流从 Si 到 PA
s	感应端
U	U 过程

简称

EAM	嵌入原子法(embedded atom method)
EMD	平衡分子动力学(equilibrium molecular dynamics)
FIB	聚焦离子束(focused ion beam)
GNR	石墨烯纳米带(graphene nanoribbon)
LA	声学纵波(longitude acoustic)
LO	光学纵波(longitude optical)
NEMD	非平衡分子动力学(nonequilibrium molecular dynamics)
PA	聚酰胺(polyamide)
RTC	热隐效率参数(ratio of thermal cloaking)

TA	面内声学横波(transverse acoustic)
TCR	电阻温度系数(temperature coefficient of resistance)
TO	面内光学横波(transverse optical)
WDOS	加权态密度(weighted density of states)
ZA	面外声学横波(flexural acoustic)
ZO	面外光学横波(flexural optical)

注：其他以文中注明为准

目 录

第1章 引言 ··· 1
  1.1 研究背景 ·· 1
  1.2 纳米材料的尺寸效应 ·· 2
  1.3 热整流效应 ·· 5
  1.4 热隐形效应 ·· 8
  1.5 界面增强导热 ··· 9
  1.6 本书研究的主要内容 ·· 10

第2章 石墨烯纳米带的声子性质和热物性 ·································· 13
  2.1 石墨烯热学性质的研究 ··· 13
      2.1.1 势能模型 ··· 13
      2.1.2 晶格动力学分析 ··· 14
      2.1.3 简正模式分解法 ··· 16
      2.1.4 弛豫时间 ··· 17
      2.1.5 声子导热贡献 ·· 20
  2.2 边界对石墨烯纳米带热物性的影响 ································· 22
      2.2.1 色散关系 ··· 23
      2.2.2 弛豫时间 ··· 25
      2.2.3 比热容 ·· 27
      2.2.4 热导率 ·· 28
  2.3 边界对石墨烯纳米带热流分布的影响 ······························ 33
      2.3.1 热流的计算方法 ··· 33
      2.3.2 石墨烯纳米带的热流分布 ································· 36
      2.3.3 石墨烯纳米带的声子气黏性 ····························· 38
  2.4 本章小结 ·· 43

第 3 章 PA/Si 纳米界面的热整流效应 ……………………… 45
3.1 实验研究 …………………………………………………… 45
3.1.1 实验方法和原理 …………………………………… 45
3.1.2 数据处理和不确定度分析 ………………………… 47
3.1.3 单点接触的交叉纳米线样品测量 ………………… 51
3.1.4 多点接触的交叉纳米线样品测量 ………………… 55
3.2 PA/Si 纳米线界面热整流效应的分子动力学研究 ……… 56
3.2.1 模型建立 …………………………………………… 56
3.2.2 模拟细节和结果 …………………………………… 60
3.2.3 PA/Si 体材料的热整流效应模拟 ………………… 63
3.2.4 PA/Si 纳米线界面热整流机理 …………………… 65
3.3 本章小结 …………………………………………………… 68

第 4 章 基于氢化石墨烯的纳米尺度热隐形 …………………… 69
4.1 氢化石墨烯的热物性的研究 …………………………… 69
4.1.1 模拟方法 …………………………………………… 69
4.1.2 均匀分布方式的影响 ……………………………… 70
4.1.3 竖直和水平带状分布方式的影响 ………………… 73
4.2 氢化石墨烯的热隐形现象数值模拟 …………………… 77
4.2.1 几种不同的热隐形效果对比 ……………………… 78
4.2.2 氢化浓度、斗篷厚度和氢分布方式的影响 ……… 81
4.2.3 热隐形效果强化 …………………………………… 84
4.2.4 热隐形现象的机理分析 …………………………… 84
4.3 热汇聚 ……………………………………………………… 87
4.3.1 叶片厚度的影响 …………………………………… 88
4.3.2 叶片长度的影响 …………………………………… 88
4.3.3 叶片数量的影响 …………………………………… 89
4.4 本章小结 …………………………………………………… 92

第 5 章 固/液界面导热增强的分子动力学模拟 ……………… 95
5.1 Ar/Au 界面导热增强分析 ……………………………… 95
5.1.1 模拟方法 …………………………………………… 95
5.1.2 能量分布情况 ……………………………………… 97

    5.1.3 原子数密度和声子态密度 ……………………… 99
    5.1.4 热导率 …………………………………………… 101
  5.2 界面势能参数对导热增强的影响 ………………………… 103
    5.2.1 数密度分布 ……………………………………… 104
    5.2.2 热流自相关函数 ………………………………… 104
    5.2.3 声子态密度 ……………………………………… 105
    5.2.4 热导率 …………………………………………… 106
  5.3 本章小结 …………………………………………………… 108

第 6 章 结论 …………………………………………………………… 109

参考文献 …………………………………………………………………… 111

在学期间发表的学术论文与获得的奖励 ………………………………… 123

致谢 ………………………………………………………………………… 125

Contents

Chapter 1 Introduction 1
  1.1 Background 1
  1.2 Size Effect of Nanomaterials 2
  1.3 Thermal Rectification 5
  1.4 Thermal Cloaking 8
  1.5 Thermal Enhancement 9
  1.6 Objective of Research 10

Chapter 2 Phonon Thermal Properties of Graphene Nanoribbons 13
  2.1 Thermal Properties of Graphene 13
    2.1.1 Potential Model 13
    2.1.2 Lattice Dynamics Analysis 14
    2.1.3 Normal Mode Decomposition 16
    2.1.4 Relaxation Time 17
    2.1.5 Contribution of Phonons to Thermal Conduction 20
  2.2 Boundary Effect on Thermal Properties 22
    2.2.1 Dispersion Relations 23
    2.2.2 Relaxation Time 25
    2.2.3 Heat Capacity 27
    2.2.4 Thermal Conductivity 28
  2.3 Boundary Effect on Heat Flow Distribution in Graphene Nanoribbon 33
    2.3.1 Calculations of Heat Flow 33
    2.3.2 Heat Flow Distribution in Graphene Nanoribbon 36
    2.3.3 Phonon Viscosity of Graphene Nanoribbon 38
  2.4 Chapter Summary 43

Chapter 3　Thermal Rectification at PA/Si Nano-interface …………… 45
3.1　Experiments of PA/Si Nano-Interface ……………………………… 45
　　3.1.1　Experimental Method and Theory ………………… 45
　　3.1.2　Analysis of Data and Uncertainty ………………… 47
　　3.1.3　Mesurement of Single-Point-Contact Interface …… 51
　　3.1.4　Mesurement of Multi-Point-Contact Interface …… 55
3.2　Molecular Dynamics Simulations of PA/Si Nano-Interface …… 56
　　3.2.1　Modeling of PA/Si Nano-Interface ………………… 56
　　3.2.2　Simulation Details and Results …………………… 60
　　3.2.3　Thermal Rectification of Bulk PA/Si Interface …… 63
　　3.2.4　Mechanism of Thermal Rectification at PA/Si
　　　　　　Nano-Interface …………………………………… 65
3.3　Chapter Summary ……………………………………………… 68

Chapter 4　Nanoscale Thermal Cloaking Based on Hydrogenated Graphene
　………………………………………………………………………… 69
4.1　Thermal Properties of Hydrogenated Graphene …………… 69
　　4.1.1　Simulation Details ………………………………… 69
　　4.1.2　Uniform-Distribution Patterns …………………… 70
　　4.1.3　Vertical and Horizontal Stripe-Distribution Patterns
　　　　　　…………………………………………………… 73
4.2　Thermal Cloaking in Hydrogenated Graphene …………… 77
　　4.2.1　Comparison with Different Thermal Cloaking …… 78
　　4.2.2　Hydrogen Coverage Cloaking Thickness and
　　　　　　Hydrogen Distribution ………………………… 81
　　4.2.3　Enhancement of Thermal Cloaking ……………… 84
　　4.2.4　Mechanism of Thermal Cloaking ………………… 84
4.3　Thermal Concentration ………………………………………… 87
　　4.3.1　Effect of the Blade Thickness ……………………… 88
　　4.3.2　Effect of the Blade Length ………………………… 88
　　4.3.3　Effect of the Blade Amount ……………………… 89
4.4　Chapter Summary ……………………………………………… 92

Chapter 5   Simulations of Thermal Enhancement at Solid/Fluid Interface 95
    5.1   Thermal Enhancement at Ar/Au Interface 95
        5.1.1   Simulation Details 95
        5.1.2   Energy Distribution 97
        5.1.3   Number Density and Phonon Density of States 99
        5.1.4   Thermal Conductivity 101
    5.2   Effect of Interfacial Interaction Parameters 103
        5.2.1   Number Density 104
        5.2.2   Heat Flow Autocorrelation Functions 104
        5.2.3   Phonon Density of States 105
        5.2.4   Thermal Conductivity 106
    5.3   Chapter Summary 108

Chapter 6   Conclusions 109

References 111

Publications and Awards during the Ph.D. Period 123

Acknowledgements 125

第 1 章　引　言

1.1　研究背景

近年来,纳米技术得到飞速发展,在众多领域都有广泛应用。在医疗领域,研究者利用纳米颗粒进行靶向治疗,有望攻克癌症等医学难题[1,2]。纳米材料也是检测领域的宠儿,由于其尺寸小,制成的纳米传感器精度大大提升,比如纳米二氧化锆制作的温度传感器检测灵敏度比普通的同类陶瓷传感器高很多[3]。纳米粒子也是一种性能优越的催化材料,相比传统材料,其接触面积大大增加,表面活性得以增强[4,5]。纳米材料在半导体领域也备受关注,硅、砷化镓等半导体材料在纳米尺度下呈现诸多优异特性,因此在微纳电子领域发挥着重要影响[6,7]。纳米流体[8,9]是纳米技术与热能工程完美结合的典范,它具有均匀、稳定、高导热等优点,在传热领域颇受青睐。

石墨烯和碳纳米管作为最典型的纳米材料,因其具有优越的导热、力学、电学等性能,成为当今最具潜力的明星材料。碳纳米管[10],可以看成是由单层石墨卷成的柱状一维系统,其强度比钢优越 100 倍,但其质量不及钢的 1/6。实验测得碳纳米管的热导率可达 3000W/(m·K)[11]。石墨烯[12]是由曼彻斯特大学的两位物理学家于 2004 年从石墨中剥离出来的一种二维晶体,两人也因此获得了诺贝尔物理学奖。此后,石墨烯得到了飞速发展。在我国,石墨烯产业已经上升到国家战略高度,最新的"十三五"规划[13]明确将石墨烯列为"新材料领域的核心技术",在《中国制造 2025》[14]中,石墨烯也被列为前沿材料。纳米材料的发展,离不开对相关热科学问题的研究。纳米材料最大的特点就是尺寸小、面体比非常高,导致边界效应在纳米尺度下的影响非常显著。因此,与边界有关的纳米材料导热问题是微纳传热领域中的重要研究方向之一。

需要强调的是,界面是一种特殊边界,因此本书所指的"边界"包含"界面"。本章将从几个方面介绍与边界有关的导热问题,指出现有研究中存在的问题和不足,引出本书的研究内容。

1.2 纳米材料的尺寸效应

尺寸效应[15-21]是指在纳米尺度下,导热的空间尺度接近于微观粒子的平均自由程,纳米材料的热导率将偏离其对应的体材料的热导率。比如实验测量过程中发现[15]纳米线热导率不仅沿着轴向存在尺寸效应,也沿着径向存在尺寸效应。通常,热导率的测量结果随着尺寸变小而变小,而且大大低于相同温度下体材料的热导率。

对于尺寸效应产生的原因,主流的观点认为主要来自两方面。一方面是由于纳米结构内部产生了弹道输运[22-29],Chen 等人对此做了大量研究[22-24]。弹道输运不同于传统的扩散输运,图 1.1 介绍了两种输运方式的不同。在扩散输运中,粒子在内部与其他粒子发生多次碰撞后到达边界。而在弹道输运过程中,粒子在内部不经历任何散射,直接从一边到达另一边。对于弹道输运[22],玻尔兹曼方程为

$$\frac{1}{|v|}\frac{\partial f_b}{\partial t}+\hat{\Omega} \cdot \nabla f_b = -\frac{\partial f_b}{|v|\tau} \tag{1-1}$$

其中,$\hat{\Omega}$ 表示弹道输运的方向,f_b 为弹道输运的分布函数,v 为速度,τ 为弛豫时间。由于弹道输运的影响,粒子的平均自由程比体材料低很多,因此导热性能受到影响。通常,在纳米结构中,扩散输运和弹道输运同时存在,相互影响。

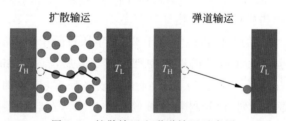

图 1.1 扩散输运和弹道输运示意图

另一方面是粒子与边界的散射[30-32],由纳米结构的横向约束导致。图 1.2 给出了边界散射的示意图。对于弹道输运,边界的影响垂直于热流方向,而边界散射则是平行于热流的横向约束。横向约束的玻尔兹曼方程为

$$v_x \frac{\partial f_0}{\partial T}\frac{\partial T}{\partial x} + v_y \frac{\partial f_1}{\partial y} + v_z \frac{\partial f_1}{\partial z} = -\frac{f_1}{\tau} \tag{1-2}$$

图 1.2　边界散射示意图

其中，f_0 为平衡状态下的分布函数，f_1 为偏离平衡态的分布函数。上式中不包含纵向约束 $\partial f_1/\partial x$ 项。

考虑边界影响之后，研究者提出了许多纳米结构的导热模型，见表 1-1。这些模型大多基于对粒子平均自由程的修正，得到纳米材料的有效热导率：

$$\frac{\lambda_{\text{eff}}}{\lambda_0} = \frac{l}{l_0} \tag{1-3}$$

其中，λ_{eff} 为纳米材料的有效热导率；λ_0 为体材料热导率；l 为纳米系统特征尺度，可近似为有效平均自由程；l_0 为体材料平均自由程。但是这类模型大多是经验修正，不能真实、完整地反映热流。纳米系统导热中的热流可以分为两部分，即扩散热流 $Q_{\text{diffusive}}$ 和弹道热流 $Q_{\text{ballistic}}$：

$$Q = Q_{\text{diffusive}} + Q_{\text{ballistic}} = -\lambda_{\text{eff}} \nabla T_{\text{eff}} + Q_{\text{ballistic}} \tag{1-4}$$

其中，$Q_{\text{diffusive}}$ 与当地的温度场、有效热导率有关，而 $Q_{\text{ballistic}}$ 与当地温度场无关。因此，单纯地修正热导率无法客观地反映真实的热流场变化，纳米结构中的热流场还需要用其他手段进行分析。

表 1-1　现有的纳米结构导热模型

时间/作者	导热模型	主要结论
1993/Majumdar[33]	灰体模型：$\dfrac{\lambda_{\text{eff}}}{\lambda_0} = \dfrac{1}{1+\beta\left(\dfrac{l_0}{l}\right)} = \dfrac{1}{1+\beta Kn}$	Kn 为克努森数，β 为修正系数 纳米薄膜面向热导率：$\beta = 3/8$； 纳米薄膜法向热导率：$\beta = 4/3$； 纳米线轴向热导率：$\beta = 3/4$。 该模型与实验相比仍有相当大的差距

续表

时间/作者	导热模型	主要结论
2007/Alvarez,Jou[34]	基于 EIT 理论：$$\frac{\lambda_{\text{eff}}}{\lambda_0} = \frac{1}{2\pi^2(Kn)^2} \cdot \left[\sqrt{1+4\pi^2(Kn)^2} - 1\right]$$	该式适用于纳米薄膜，预测的结果与实验符合较好。对于纳米线，$Kn = 2\sqrt{2}\dfrac{l_0}{D}$
2010/Alvarez,Jou[35]	引入边界滑移：纳米薄膜 $\lambda_{\text{eff}} = \dfrac{\lambda_0}{12(Kn)^2} \cdot (1+6CKn)$；纳米线 $\lambda_{\text{eff}} = \dfrac{\lambda_0}{32(Kn)^2} \cdot (1+8CKn)$	C 为无量纲滑移系数。该模型能够在低克努森数下很好地预测出热导率与特征尺度之间存在线性关系
2014/董源[36]	声子气动力学模型：$$\kappa_{\text{eff}} = \frac{Kn}{\eta}\frac{\rho^2 C_v^2 T v_g^2}{3c^2}$$	该模型能够很好地描述边界对纳米结构内部热流分布的影响，但它仍是一个经验公式

另外，也有研究者直接研究边界对声子性质的影响来揭示尺寸效应产生的原因[37-40]。声子是量子化的晶格振动能量[41]，它是晶体材料导热过程中的能量载体。声子重要的性质有：色散关系、群速度、弛豫时间和态密度等。首先，边界影响晶体材料的原胞选取，从而影响它的色散曲线[42]，比如图 1.3 显示了不同手性的碳纳米管色散关系差别很大。另外，利用马西森定则，在声子弛豫时间模型中加入边界的影响[43]：

$$\frac{1}{\tau} = \frac{1}{\tau_U} + \frac{1}{\tau_B} \tag{1-5}$$

$$\frac{1}{\tau_B} = \frac{v_g}{W}\frac{1-p}{1+p} \tag{1-6}$$

其中，τ_U 为体材料声子弛豫时间，τ_B 为边界散射的弛豫时间，W 表示横向宽度，p 表示边界的镜面散射系数。因此，由于边界的影响，声子弛豫时间也大大降低。

总体来讲，目前关于尺寸效应的研究大多只关注边界对热物性的变化，很少研究边界对热流场的影响。而对热流场的影响是更本质的影响，有必要投入更多的研究。

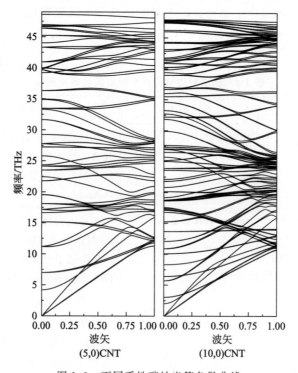

图 1.3 不同手性碳纳米管色散曲线

1.3 热整流效应

热整流效应是指材料内部沿着正、反两个方向的导热能力不同。最初由 Starr 在铜/氧化铜界面发现[44]，相当于电学中的二极管效应。现实中，电二极管已经被广泛应用于生活的方方面面，但目前仍然没有一个成熟的热二极管产品。从这个角度来看，虽然热学的发展远早于电学，但热学已经滞后电学数十年。热整流效应的发现使得热二极管成为可能。热二极管可以构成类似于电学中的元器件，如热晶体管、热存储器、热调制器等[45-47]。这些元器件可以组成"热计算机"，应用于热管理和热控制领域。因此，热整流的研究富有科学意义和应用价值，近年来相关的研究呈现井喷态势[48-83]。

纳米尺度下实现热整流通常需要满足两个条件，即非对称性和非线性。因此，目前的主流方法是通过构造不对称几何结构产生热整流效应。这类方法主要的机理是声子态密度的不匹配和热导率的温度依赖性。表1-2列出了近年来具有代表性的因不对称结构产生热整流的理论和数值模拟研究。

表1-2 因不对称结构产生热整流的研究现状

时间/作者	整流模型	主要结论
2008/Yang 等[60]	碳纳米锥	200～400K下观测到显著的整流现象。整流的原因是由于顶端碳原子和底端碳原子声子态密度不匹配
2009/Ruan 等[78]	变截面石墨烯纳米带	当底边为扶手椅形边界、底角为30°时热整流系数最大,边界的粗糙度既降低了热导率,又降低了热整流系数。在180K时,整流系数可达80%
2009/Noya 等[66]	Y形碳纳米管	热脉冲从主干到枝干时,传播畅通无阻,但是从枝干流向主干的过程中,有显著的损失。这种不对称性缘于声子的轴向振动模式
2014/Liu 等[56]	变截面纳米线	当窄端处于高温区时,出现驻波,驻波阻碍了声子的传递,因此热流从宽端流向窄端对应的热导率更高
2015/Zhang 等[79]	受压不均匀的石墨烯纳米带	受压区域的石墨烯态密度与非受压区的不匹配,产生热整流现象

近来,研究发现两种不同材料的界面也会产生热整流现象。通常需要两种材料的性质相差显著,譬如液体/固体[63]、金属/绝缘体[81]、有机/无机[71]等,表1-3列出了几个典型代表。其中的热整流机理不尽相同,主要有三种:①基于态密度重叠理论;②热导率温度依赖性;③声子局域化理论。相比于在纳米尺度下改变单一材料的结构,双材料系统从工艺上来讲更容易实现,因此由界面产生的热整流受到越来越多的重视。

表 1-3 双材料界面产生热整流的研究现状

时间/作者	整流模型	主要结论
2008/Hu 等[71]	硅/聚乙烯界面	热流从聚乙烯流向硅时,热导率更高。整流系数高达 45%。声子态密度不匹配理论可以解释其热整流原因
2014/Rurali 等[80]	硅/锗纳米线	热流从硅流向锗时,热导更大。尤其当界面比较尖锐的时候,整流效果最好。热整流的原因是热导率的温度依赖性
2014/Ren 等[81]	金属/绝缘体	两边的导热粒子不一样,分别为费米子和玻色子,因此界面发生热整流现象
2009/Hu 等[63]	水/二氧化硅	热流从二氧化硅流向水时,热导更高。产生热整流的原因是水中氢键强度对温度的依赖性

热整流实验,尤其在微纳尺度下,实验难度非常大,因此关于热整流实验的报道很少。表 1-4 列出了近年来关于热整流的实验研究。最有名的是 Chang 等人的实验[57],他们通过在碳纳米管、氮化硼管的外围不均匀地镀一层材料产生不对称结构。实验测量得到 2%~7% 的整流系数,实验误差为 1%。虽然整流系数很小,但是这个工作却是开拓性的。利用容易发生相变的材料实现热整流效应也是研究热点之一,但是它的局限性在于适用温度受制于相变温度。

表 1-4 热整流实验研究现状

时间/作者	整流模型	主要结论
2006/Chang 等[57]	变截面碳纳米管	第一个纳米尺度热整流实验。热整流系数达 2%~7%,测量误差为 1%
2014/Chen 等[64]	金字塔阵列(抛光铜)	首个基于光子传热的热整流器。整流机理是非对称结构导致热辐射能力不同
2016/Tso 等[62]	二氧化钒相变	利用二氧化钒容易发生相变的机制实现热整流,整流系数可达 10 倍。适用条件依赖于相变温度

总体来说,利用不对称结构的热整流实验,大多需要非常复杂的制造工艺,这不利于热二极管的推广。而双材料系统构成的热整流器,具有结构简单的优点,同时又不需要外部电源驱动,是一种无源设备,因此有望成为未来热二极管设计的主流思路。虽然关于双材料界面产生的热整流已经有很多理论和模拟研究,但是仍缺乏确凿的实验来验证。

1.4 热隐形效应

热隐形效应[84]是指热流绕过特定区,并且对其他区域的热流不产生任何影响,如同该区域不存在。隐形斗篷最早在光学领域得到实现,研究者们利用光学变换的原理[85],在介质中构造特定的光路,使光线发生"弯曲",绕过特定区域,实现隐形的效果。此后,电磁斗篷、声学斗篷等相继被提出[86-90]。

2008年,Huang等[84]借鉴光学斗篷的思想,基于坐标变换方法设计出热斗篷,实现热隐形。通过坐标变换得到新的热导率分布:

$$\lambda^* = \boldsymbol{W}^{-T} \lambda \boldsymbol{W} \det(\boldsymbol{W}) \tag{1-7}$$

其中,$\boldsymbol{W}$为坐标变换矩阵,它取决于最终想要的热流分布;λ^*为变换后得到的新的热导率。如果要实现热隐形,变换后的热导率分布应该为

$$\lambda_r = \frac{r - R_1}{r} \lambda, \qquad \lambda_\theta = \frac{r}{r - R_1} \lambda \tag{1-8}$$

其中,λ为变换之前的热导率,λ_r和λ_θ分别为变换后的周向热导率和径向热导率,r为径向坐标,R_1为热隐形区域半径。另外,改变坐标变换矩阵也可以实现其他的功能,例如热汇聚。热汇聚对应热导率分布为

$$\begin{cases} \lambda_r = \lambda, \qquad \lambda_\theta = \lambda; & 0 \leqslant r \leqslant R_2 \\ \lambda_r = \dfrac{r + R_3 \dfrac{R_2 - R_1}{R_3 - R_2}}{r} \lambda, \quad \lambda_\theta = \dfrac{r}{r + R_3 \dfrac{R_2 - R_1}{R_3 - R_2}} \lambda; & R_2 \leqslant r \leqslant R_3 \end{cases} \tag{1-9}$$

热隐形不仅可以应用于工业领域中的热防护、热管理,在军事领域中更是意义重大,其研究价值不言而喻。自2008年提出以来,已经涌现出大量关于热隐形的报道[91-109],典型的有开环热斗篷、任意形状热斗篷等。目前关于热隐形的理论研究离不开坐标变换。通过坐标变换可以得到任意形式

的热流分布,而且基于该方法已经衍生出众多具有特殊功能的热学超材料,比如具有热流反向[110]、热伪装等功能的材料[111]。

相关的实验研究也有很多。理论模型中的热斗篷所需要的热导率分布都是各向异性的,而这在实验中很难实现。因此,研究者们对模型进行简化[93],把具有连续变化的热导率的材料离散成多层材料,每一层材料具有定常热导率,大大降低了实验难度。目前的实验大多利用多层常物性材料构成热斗篷,实验的尺度均在毫米以上量级。这类方法的主要思想是:径向热导率要尽可能低,轴向热导率要尽可能高,才会使热流绕过中心区域。

实施坐标变换法的前提条件是系统必须满足连续性假设,因此系统尺度必须在微米以上量级。而在纳米尺度下,接触热阻、边界效应等方面的问题不可忽略。因此,目前还没有关于纳米尺度热隐形的相关报道。

1.5　界面增强导热

界面广泛存在于复合材料中。关于界面导热特性,目前的研究主要关注界面热阻。两种不同结构的材料相接触,即使保持良好接触,界面处也会存在温度差,这个温差就是由界面热阻导致的。前人做了大量关于界面热阻测量、界面热阻影响因素、界面热阻模型等方面的工作[112-122]。Nan 等[112]研究了纳米复合材料的界面热阻。Evans 等[114]对纳米流体中的界面热阻做了细致分析。Bryning 等[115]实验测量了碳纳米管环氧树脂复合材料的界面热阻。Li 等[116]研究了 FPU 链和 FK 链之间的接触热阻,发现它依赖于耦合参数、温度梯度和系统尺寸。Xue 等[118]研究了固/液界面的接触热阻,发现液体和固体分子之间的化学键强度对接触热阻起着至关重要的作用。Mao 等[121]利用石墨烯/介电材料组成的异质结得到了可调节的界面热阻。

界面的存在不仅产生了界面热阻,同时也影响了界面附近的原子结构,尤其在固/液界面。表 1-5 列出了近年来具有代表性的研究,关于界面如何影响结构,以及对热输运的影响。这些工作主要关注热对流,很少有人研究界面附近结构的变化对热传导的影响,而界面对导热和对流换热的影响机理完全不同。

表 1-5 固/液界面对原子结构的影响的研究现状

时间/作者	研究对象	研究内容
2005/Zhang 等[125]	纳米流体导热模型	研究了纳米流体导热模型，提出了假设，认为固/液界面附近的流体呈固体状态，其热导率接近固体。但该假设并没得到模拟和实验的验证
2006/Khare 等[123]	LJ 流体与固体界面	使用分子动力学方法研究了固/液界面的结构及界面热阻的变化规律
2007/Wang 等[124]	流体在微通道中流动	使用格子玻尔兹曼方法研究了微通道中的流体状态，关注界面附近的流动与传热现象
2011/Ohara 等[119]	流体在不光滑纳米结构表面	研究在纳米尺度下，边界形状、LJ 参数对界面热阻、界面流体密度、能量等的影响

界面结构的改变对导热有可能起阻碍作用，也有可能起促进作用。但是，目前对于导热增强的报道还很少。Guo 等[126]研究了两根耦合的一维原子链，通过改变耦合的势能参数，实现整体热导率的提升。虽然人为改变参数脱离实际的应用背景，但是该工作具有启发意义。Liang 等[127]用非平衡分子动力学方法计算流体热导率，发现固壁附近的热导率偏大。但是用该方法计算热导率本身存在误差，而且对导热增强的机理分析不够透彻。

1.6 本书研究的主要内容

综上所述，目前关于边界导热的研究大多只关注于边界对热物性的影响，而其中的一些问题仍然没有得到解决。具体体现在以下四个方面。

第一，目前纳米尺度导热模型只是经验性地修正热导率与温度梯度场的关系。它只能反映边界对热导率的影响，不能客观地反映边界影响下的热流场。因为温度梯度只与扩散热流有关，无法描述弹道输运产生的弹道热流。在纳米尺度下，系统尺寸接近导热粒子的平均自由程，因此，弹道热流显著。所以，需要对热流场进行细致的分析以弥补现有模型中的不足。

第二，纳米尺度界面热整流现象的机理仍需深入研究，而且目前缺乏一个确凿的实验证明纳米尺度界面热整流的存在。由双材料系统构成的界面热整流器具有结构简单的优点,有望成为主流的热二极管设计方案。因此,对其的机理研究和实验验证显得非常重要。

第三,目前的热隐形研究只局限于宏观尺度,尚无纳米尺度热斗篷的相关报道。宏观尺度使用的坐标变换方法在纳米尺度下失效,因为傅里叶导热定律在纳米尺度下不适用。因此,纳米尺度的热斗篷需要采用全新的设计思路。而在纳米尺度下,边界影响显著,因此有望借助边界设计出纳米尺度的热斗篷。

第四,界面的存在不可避免地带来界面热阻,同时也会影响界面附近的原子结构。前人的工作主要研究界面热阻,以及界面附近的原子结构变化。但是,对于结构变化如何影响近壁面原子的热物性的研究还很少。研究界面附近的原子结构变化与导热性能的关系,对实现界面增强导热有着至关重要的意义。

基于以上分析,本书将系统地从四个方面研究边界(界面)对热流的影响和调控,包括边界对热流分布的影响、界面热整流的理论分析和实验验证、界面实现纳米尺度热隐形的研究、界面增强导热的分子动力学模拟。具体内容包括:

(1) 研究石墨烯纳米带的声子性质和热物性。用分子动力学模拟、晶格动力学、简正模式分解法等多个方法,研究石墨烯纳米带边界形状对热参数、热流分布的影响,并建立声子气黏性模型,对边界的热流衰减做出解释。

(2) 用聚酰胺(polyamide,PA)和硅(Si)纳米线组成热整流系统。这两种材料分别为有机物和无机物中的代表,有望产生热整流现象。首先,用高精度实验验证 PA/Si 纳米线的界面热整流现象。然后,用分子动力学方法分析界面产生热整流的机理。

(3) 利用氢化石墨烯界面设计热斗篷,在石墨烯基底上实现纳米尺度热隐形。用分子动力学方法研究影响热隐形效果的因素,主要有斗篷厚度、氢化浓度、氢排布方式等。然后,对该方法进行延伸,设计出能够使热流汇聚的集热器。

(4) 以液态氩(Ar)和金属金(Au)为研究对象,用分子动力学方法研究固/液界面的导热性质。主要观察近壁面 Ar 原子的热物性变化,分析导热增强的影响因素,比如界面势能参数,并通过计算声子态密度对其进行机理分析。

第 2 章 石墨烯纳米带的声子性质和热物性

纳米结构有很高的面体比,导致界面对导热的影响显著。目前,大部分的研究更多地关注于纳米尺度下热导率的尺寸效应,而对纳米结构内部的热流分布情况了解甚少。而研究纳米结构的热流分布,有助于更好地理解纳米结构热物性变化的内在机理。本章将研究石墨烯纳米带的边界形状,即扶手椅形和锯齿形对其声子性质和热流分布的影响,并分析内在机理。

2.1 石墨烯热学性质的研究

石墨烯[12]是具有独特的二维蜂窝状结构的纳米材料,因具有优越的力学、电学、热学性能而备受关注。本节将用晶格动力学分析、简正模式分解法、分子动力学(molecular dynamics, MD)模拟等多个方法,全方位研究石墨烯的热学性质,包括色散关系、声子群速度、声子态密度、声子弛豫时间、声子导热贡献等。

2.1.1 势能模型

首先确定石墨烯的势能模型。本节采用最常用的 Brenner 势能模型[128]描述碳原子间的相互作用,它被广泛用于碳氢材料的分子动力学模拟,是一种多体势模型,其表达式为

$$E_\mathrm{p} = \frac{1}{2}\sum_i \sum_{j\neq i} f(\boldsymbol{r}_{ij})[V_\mathrm{R}(\boldsymbol{r}_{ij}) - \bar{b}_{ij} V_\mathrm{A}(\boldsymbol{r}_{ij})] \tag{2-1}$$

其中,E_p 为总势能,V_R 和 V_A 分别为斥力项和引力项,$\boldsymbol{r}_{ij}$ 为原子间距,$f(\boldsymbol{r}_{ij})$ 为截断函数,$\bar{b}_{ij}$ 为多体势作用系数。其中,V_R 和 V_A 的具体形式为

$$V_\mathrm{R}(\boldsymbol{r}_{ij}) = \frac{D}{S-1}\exp([-\beta\sqrt{2S}(\boldsymbol{r}_{ij} - R_\mathrm{e})]) \tag{2-2}$$

$$V_\mathrm{A}(\boldsymbol{r}_{ij}) = \frac{DS}{S-1}\exp([-\beta\sqrt{2/S}(\boldsymbol{r}_{ij} - R_\mathrm{e})]) \tag{2-3}$$

其中，R_e 为零势能时的原子间距；D，S 和 β 则为实验拟合参数。$f(\boldsymbol{r}_{ij})$ 形式为

$$f(\boldsymbol{r}_{ij}) = \begin{cases} 1, & \boldsymbol{r}_{ij} < R^{(2)} \\ \dfrac{1}{2}\left[1 + \cos\left(\dfrac{\pi(\boldsymbol{r}_{ij} - R^{(1)})}{R^{(2)} - R^{(1)}}\right)\right], & R^{(1)} < \boldsymbol{r}_{ij} < R^{(2)} \\ 0, & \boldsymbol{r}_{ij} > R^{(2)} \end{cases} \quad (2\text{-}4)$$

其中，$R^{(1)}$ 和 $R^{(2)}$ 分别为化学键重组和断裂的临界值。此外，多体势作用系数 $\bar{b}_{ij}$ 隐性包含多原子相互作用：

$$\bar{b}_{ij} = \frac{1}{2}(b_{ij} + b_{ji}) \tag{2-5}$$

$$b_{ij} = \left(1 + \sum_{k(\neq i,j)} G(\theta_{ijk}) f(\boldsymbol{r}_{ik})\right)^{-\delta_c} \tag{2-6}$$

$$G(\theta_{ijk}) = a_0 \left[1 + \frac{c_0^2}{d_0^2} - \frac{c_0^2}{d_0^2 + (1 + \cos\theta_{ijk})}\right] \tag{2-7}$$

其中，θ_{ijk} 为碳碳键夹角，其余参数根据实验拟合得到[128]。

力常数矩阵是晶格动力学分析中非常重要的参数，由它可以获得色散关系等重要的热学性质。有了势能函数，就可以推算出力常数矩阵。根据力常数矩阵，能更直接地获得原子间的相互作用。考虑到势能函数具有截断距离，力常数矩阵通常只需要考虑四层原子的相互作用，具体数值见表 2-1，其中，F_x，F_y 和 F_z 分别表示面内纵向、面内横向、法向三个方向的力常数。

表 2-1 石墨烯力常数矩阵　　　　　　10^{-3} N/cm

层数	1	2	3	4
参数	$F_x = 36.5$ $F_y = 24.5$ $F_z = 9.82$	$F_x = 8.8$ $F_y = -3.23$ $F_z = -0.4$	$F_x = 3$ $F_y = -5.25$ $F_z = -0.15$	$F_x = -1.92$ $F_y = 2.29$ $F_z = -0.58$

2.1.2 晶格动力学分析

探究石墨烯的热学性质，需要从它的晶体结构开始分析。如图 2.1 所

示,它有两个基矢 a_1 和 a_2,夹角为 $60°$;模为 $\sqrt{3}a_0$,a_0 为键长。图中阴影部分为一个完整的石墨烯原胞,原胞内有两个位置不等价的碳原子。

声子作为导热过程中的能量载体,对其性质研究对分析导热过程十分有帮助。通过晶格动力学分析可以得到声子的色散关系、群速度和态密度等信息。进行晶格动力学分析之前,需要知道石墨烯的倒格矢空间。图 2.2 显示石墨烯的倒格矢空间,其中,k_x、k_y 为倒格矢空间中的两个正交的波矢方向。其中,中间的正六边形区域为第一布里渊区,它有三个重要的对称点,即中心点 Γ,边中点 M,顶点 K。

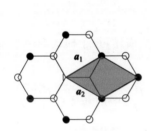 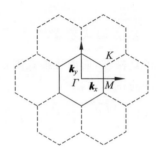

图 2.1　石墨烯晶格结构　　　　图 2.2　石墨烯倒格矢空间

获得晶格振动的信息,需要对原子进行受力分析。首先,列出第 k 个原胞中第 l 个原子的运动方程:

$$m_\mathrm{b} \ddot{u}\left(t \bigg| \begin{matrix} l \\ k \end{matrix}\right) = -\sum_{l,k}^{s,N_\mathrm{T}} F(lk,l'k') u\left(t \bigg| \begin{matrix} l \\ k \end{matrix}\right) \tag{2-8}$$

其中,m_b 为原子质量,t 为时间,u 为原子振动波形,$\ddot{u}$ 为 u 的二阶导数,N_T 为原胞总数,s 为原胞内原子总数,F 为所有原子(包括自身,即 l'、k' 可以同时等于 l,k)对该原子的力常数,具体的值见表 2-1。上述方程具有格波解:

$$u\left(t \bigg| \begin{matrix} l \\ k \end{matrix}\right) = A(k) \exp\left\{i\left[\boldsymbol{q} \cdot \boldsymbol{r}_0\begin{pmatrix} l \\ k \end{pmatrix} - 2\pi\nu t\right]\right\} \tag{2-9}$$

其中,q 为波矢,A 为振幅,r_0 为原子所在的原胞在平衡时刻的位置,ν 为频率。将式(2-9)代入式(2-8)得到

$$\omega_{q,j}^2 e\begin{pmatrix} q \\ j \end{pmatrix} = D e\begin{pmatrix} q \\ j \end{pmatrix} \tag{2-10}$$

其中,j 为声子分支,石墨烯共有 6 个声子分支,q 和 j 确定了唯一的声子模

式。ω 为角频率;D 为动力学矩阵;e 为极化向量,它等于动力学矩阵的本征向量;ω^2 为动力学矩阵的特征值。通过求解动力学矩阵,可以得到一系列声子频率 ν 和波矢 q 的关系。声子态密度根据下面公式得到

$$\mathrm{DOS}(\nu) = \sum_{q,j} \frac{1}{(\nu - \nu_{q,j})^2 + 1} \tag{2-11}$$

其中,DOS 为声子态密度。声子群速度 v_g 为

$$v_g = \frac{\partial \omega}{\partial q} \tag{2-12}$$

2.1.3 简正模式分解法

声子是格波,而简正模式则是格波的数学描述,每个模式的声子唯一地对应一个简正模式:

$$Q\binom{q}{j} = \sqrt{\frac{m_b}{N_T}} \sum_\alpha \sum_k^s e_\alpha \left(k \bigg| \begin{matrix} q \\ j \end{matrix} \right) \times \left\{ \sum_l^{N_T} u_\alpha \binom{l}{k} \exp\left[i q \cdot r_0 \binom{l}{k}\right] \right\} \tag{2-13}$$

其中,Q 为简正模式,α 为坐标方向。由上式可以直观地看出,一个声子的影响体现在所有原子的振动中,而一个原子的振动则包含所有声子的贡献。动能和势能可以根据简正模式来确定:

$$E_p = \frac{\omega^2 Q^* Q}{2} \tag{2-14}$$

$$E_k = \frac{\dot{Q}^* \dot{Q}}{2} \tag{2-15}$$

$$E = E_k + E_p \tag{2-16}$$

其中,E_p、E_k 和 E 分别为势能、动能和总能量;"$*$"表示共轭,"$\cdot$"表示导数。确定了声子的能量之后,便可以计算各模式声子的弛豫时间。这里介绍两种声子弛豫时间的计算方法。第一种直接用指数函数拟合声子的能量自相关函数曲线,即

$$\exp(-t/\tau) = \frac{\langle \delta E(t) \delta E(0) \rangle}{\langle \delta E(0) \delta E(0) \rangle} \tag{2-17}$$

其中,τ 为弛豫时间;$\langle\ \rangle$ 为系综平均;δ 为相对平均值的偏差;$E(t)$,$E(0)$ 为自相关函数。另一种方法则通过积分能量的自相关函数曲线得到弛豫时间。由 Green-Kubo 公式和玻尔兹曼方程可以分别得到热导率表达式:

$$\lambda = \frac{1}{3k_{\mathrm{B}}VT^2}\int_0^{\infty} \langle J(t)J(0)\rangle \mathrm{d}t \tag{2-18}$$

$$\lambda = \frac{1}{3}cv_{\mathrm{g}}^2\tau \tag{2-19}$$

其中,λ 为热导率,T 为温度,V 为系统体积,k_{B} 为玻尔兹曼常数,J 为系统的微观热流,c 为单位体积定容比热,v_{g} 为声子群速度。单个模式的声子产生的微观热流为

$$J_{q,j} = \hbar\omega_{q,j}\,v_{\mathrm{g}}\binom{\bm{q}}{j}(f - f_0) \tag{2-20}$$

$$f_0 = \frac{1}{\mathrm{e}^{\hbar\omega/k_{\mathrm{B}}T} - 1} \tag{2-21}$$

其中,约化普朗克常数 $\hbar = 1.055\times 10^{-34}\,\mathrm{J\cdot s}$;$f$ 为声子数密度;f_0 为平衡态下声子数密度,它满足玻色爱因斯坦分布。把 $(f - f_0)$ 记作 δf,再把式(2-20)代入式(2-18)中得到单声子热导率 $\lambda_{q,j}$ 和总热导率 λ:

$$\lambda_{q,j} = \frac{\left[\hbar\omega_{q,j}\,v_{\mathrm{g}}\binom{\bm{q}}{j}\right]^2}{3k_{\mathrm{B}}VT^2}\int_0^{\infty}\langle \delta f(t)\delta f(0)\rangle \mathrm{d}t = \frac{1}{3}c_{q,j}\,v_{\mathrm{g}}\binom{\bm{q}}{j}^2 \tau_{q,j} \tag{2-22}$$

$$\lambda = \sum_j \sum_q \frac{1}{3}c_{q,j}\,v_{\mathrm{g}}\binom{\bm{q}}{j}^2 \tau_{q,j} \tag{2-23}$$

根据能量均分原理,每一支声子的能量为 $k_{\mathrm{B}}T$,即

$$E = \hbar\omega_{q,j}f = k_{\mathrm{B}}T \tag{2-24}$$

$$c_{q,j} = \frac{1}{V}\frac{\mathrm{d}E}{\mathrm{d}T} = \frac{k_{\mathrm{B}}}{V} \tag{2-25}$$

最终可以得到特定模式声子的弛豫时间:

$$\tau_{q,j} = \frac{\int_0^{\infty}\langle \delta f(t)\delta f(0)\rangle \mathrm{d}t}{\langle f^2 \rangle} \tag{2-26}$$

因为声子数正比于能量,所以上式等价于

$$\tau_{q,j} = \frac{\int_0^{\infty}\langle \delta E(t)\delta E(0)\rangle \mathrm{d}t}{\langle E^2 \rangle} \tag{2-27}$$

2.1.4 弛豫时间

求解式(2-10)就可以得到石墨烯的色散曲线,如图 2.3 所示。图中分

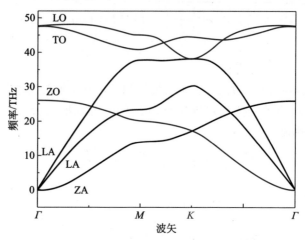

图 2.3 石墨烯的色散曲线

为三个区间,Γ,M 和 K 为石墨烯倒格矢空间的对称点,如图 2.2 所示。石墨烯原胞有两个原子,所以共有六支声子支,从上至下依次为光学纵波(longitude optical,LO)、面内光学横波(transverse optical,TO)、面外光学横波(flexural optical,ZO)、声学纵波(longitude acoustic,LA)、面内声学横波(transverse acoustic,TA)和面外声学横波(flexural acoustic,ZA)。最上方两支光学支的频率变化幅度较小,而三支声学支在 Γ 点附近呈线性变化。此外,在区间 $M \sim K$ 段,六支的频率变化均相对平稳。

取 $\Gamma \sim M$ 区间的声子作为研究对象,研究各支声子的弛豫时间随波矢的变化。图 2.4 显示了该区间声子弛豫时间的计算结果,其中系统温度为 300K。图中最上方两支分别为 LO 和 TO 声子支,与其在色散曲线中的位置大体相符,具体的变化细节则略微有所不同。这两支的特点是频率的变化区间比较窄,从 40~47THz,因此结果具有较大的不确定性。而 ZO 支的变化趋势与相应的色散曲线一致,但是其中有一段低于 LA 支,这是由于光学支和声学支声子的变化规律不一样。总体上,弛豫时间倒数的变化曲线与色散曲线有很大的相似性,因为弛豫时间的倒数与频率之间存在某种特定的规律。为了研究在整个倒格矢空间中弛豫时间随频率的变化规律,本研究沿着三个方向等间距地取了 25 个点,一共有 150 个不同模式的声子。具体结果显示在图 2.5 中,低频区域为声学声子,高频区域则是光学声子。用幂函数拟合低频区域可以获得较好的结果,但是对于高频区,由于其数据过于发散,无法用单一指数拟合该区域。光学声子因为频率相对集中,所以

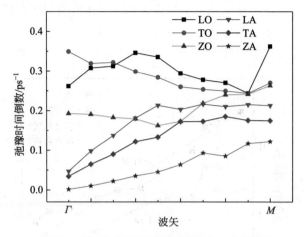

图 2.4 弛豫时间的倒数随波矢的变化曲线

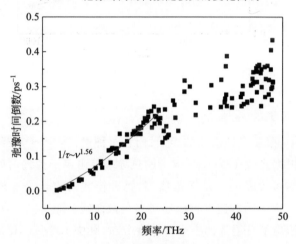

图 2.5 弛豫时间的倒数随频率的变化曲线

计算误差较大,但大体趋势也是随频率的增加而增加。根据文献[129]中的模型,弛豫时间与温度、频率的理论模型可以用以下数学式描述:

$$\frac{1}{\tau} = B\nu^n T^m \tag{2-28}$$

其中,B、n 和 m 为拟合参数。所以由拟合得到声学支的 n 值为 1.56。

弛豫时间除了与频率相关,也受温度影响。这里选取两种模式的声子,其波矢分别为(1/12,0)的 TO 支声子和波矢为(1/6,0)的 ZA 声子,记为声子 1 和声子 2。研究它们的弛豫时间随温度的变化关系,以此来反映整体的变化情况。图 2.6 显示了这两种模式声子弛豫时间的倒数随温度的变化曲线。结果显示在对数坐标下,趋势呈线性变化,与声子弛豫时间的理论模型吻合得很好。随着温度升高,声子散射增多,弛豫时间下降。

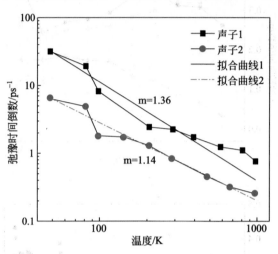

图 2.6 弛豫时间的倒数随温度的变化曲线

2.1.5 声子导热贡献

石墨烯中,存在多种模式的声子,而且每种模式的声子对导热的贡献也不尽相同。根据式(2-19)可知,声子的热导率可由声子弛豫时间、群速度和比热容三种热参数确定。对于比热容,每种模式的声子是一样的,都具有 $k_B T$ 的能量。声子的群速度可以通过对色散曲线求导得到。

图 2.7 给出了石墨烯的声子群速度分布,其中 LA,TA 和 ZA 三支在 0 点处,即长波极限处对应的声子群速度分别为 21.04km/s,14.90km/s 和 2.5km/s,LA 支的最大。确定好每一支声子的热导率后,计算总热导率还需要获得声子的数密度,它由声子加权态密度(weighted density of states,WDOS)确定。WDOS 不同于 DOS,后者描述声子的态密度,前者则是某个态声子的数密度,其表达式为

$$\mathrm{WDOS} = \mathrm{DOS} \frac{(\hbar\omega/k_B T)^2 e^{\hbar\omega/k_B T}}{(e^{\hbar\omega/k_B T}-1)^2} \tag{2-29}$$

图 2.8 显示了石墨烯的声子加权态密度及声子态密度。可以发现石墨烯声子态密度有多个峰值,主峰在 48THz 处,次峰在 25THz 和 44THz 等处。

第 2 章 石墨烯纳米带的声子性质和热物性

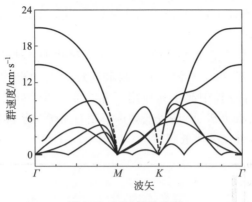

图 2.7 石墨烯群速度

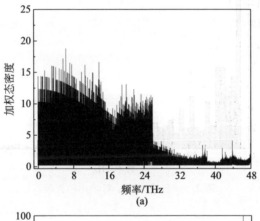

(a)

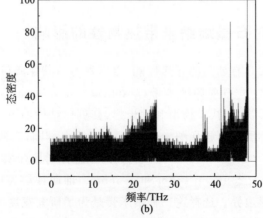

(b)

图 2.8 石墨烯声子态密度

(a) 石墨烯加权态密度；(b) 石墨烯态密度

而 WDOS 的结果显示,高频声子的实际权重其实很低,因此低频声子对导热起主导作用。

得到以上数据之后就可以导出各个声子模式的导热贡献,结果显示在图 2.9 中。很显然,由于低频声子的权重最大,而且弛豫时间也高于高频声子,因此在热传导过程中起主导作用。可以得出声学声子,即低于 30THz 的声子导热贡献高达 95%,所以低频声子是石墨烯导热过程中最重要的研究对象。下面将重点关注低频声子。

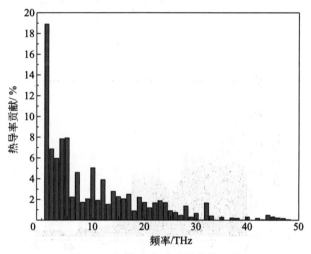

图 2.9 各模式声子对导热的贡献

2.2 边界对石墨烯纳米带热物性的影响

石墨烯不仅具有超高的导热性能,更可贵的是其性质可以通过边界形状进行调节[130-135]。石墨烯纳米带(graphene nanoribbon,GNR)边界存在两种最典型的形状,即扶手椅形和锯齿形,其具体结构如图 2.10 所示。本节选取了三种不同的石墨烯纳米带,按照手性命名准则,三种石墨烯纳米带分别记为(5,0),(17,0)和(10,10)。它们的原胞分别具有 22 个,70 个和 41 个原子,宽度为 1.23nm,4.18nm 和 4.26nm。前两种均为扶手椅形边界,第三种为锯齿形边界。选择这三种纳米带是为了研究宽度、边界形状对石墨烯热物性的影响。具体体现在色散关系、弛豫时间、比热容、热导率等方面。

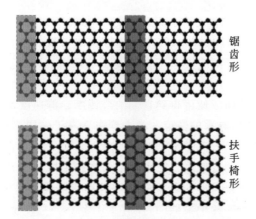

图 2.10　两种不同边界形状的石墨烯纳米带

2.2.1　色散关系

首先，按照前面提到过的晶格动力学方法计算三种石墨烯纳米带的色散关系。图 2.11 显示了三种石墨烯纳米带的色散曲线。(5,0),(17,0) 和 (10,10) 的原胞中共有 22 个，70 个和 41 个原子，因此它们的色散曲线分别

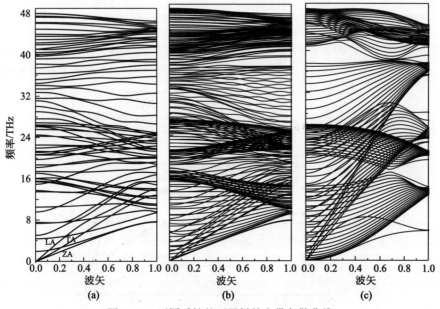

图 2.11　不同手性的石墨烯纳米带色散曲线

(a) (5,0)；(b) (17,0)；(c) (10,10)

有66支,210支和123支声子支。其中,声学声子只有三支,即LA,TA和ZA。图中显示(5,0)和(17,0)的曲线趋势大体一致,只是支数不一样。而(10,10)则完全不一样,它的斜率整体高于前两者,代表它具有较高的声子群速度。

通过求导色散曲线便可得到它们的群速度。群速度是非常重要的热物性参数,直接影响热导率的数值。考虑到声学声子的导热贡献比较大,下面给出三种石墨烯纳米带声学声子的群速度。表2-2显示了三种石墨烯纳米带的声学支在0点的群速度。结果显示两种扶手椅形的石墨烯纳米带具有类似的群速度。而锯齿形的石墨烯纳米带具有最高的LA和TA群速度,它的ZA群速度是三者中最低的,仅有1.1km/s。总体上,ZA群速度远低于LA和TA群速度,这与石墨烯中的结果一致,这是因为ZA支的趋势通常为准二次曲线,所以0点斜率接近0。

表2-2　三种石墨烯纳米带声学支在0点处的群速度　　　km/s

	ZA	TA	LA
(5,0)	7.9	9.6	16.7
(17,0)	7.9	9.1	17.4
(10,10)	1.1	12.6	20.1

图2.12显示三支声学支在整个波矢空间的群速度,1,2,3分别代表(5,0),(17,0)和(10,10)三种石墨烯纳米带。图中可以清楚地看到两个扶

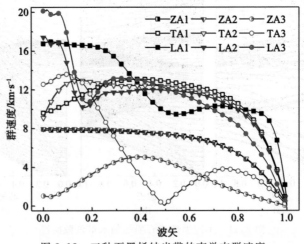

图2.12　三种石墨烯纳米带的声学支群速度

手椅形石墨烯纳米带趋势相仿,尤其是它们的 ZA 群速度几乎重合。扶手椅形的 TA 支群速度先增加,在中点附近达到极值,然后迅速下降,在边界处降为 0。而对于锯齿形的 TA,则具有相反的趋势,它先在中点附近降为 0,然后上升,最后又在边界处降为 0,这是因为在后半波矢空间,锯齿形的 TA 支色散曲线斜率为负值,而取其绝对值作为群速度。总的来说,ZA 的群速度最低,但是所有支的群速度最终都会降至 0。

2.2.2 弛豫时间

声子弛豫时间的计算方法前面已经提过了。这里以扶手椅形石墨烯纳米带中频率为 37.6THz 的声子为例,比较两种计算弛豫时间的方法。首先图 2.13(a)给出了热流自相关函数衰减曲线,曲线在几个飞秒内就衰减了 95% 以上。势能曲线振荡衰减,而总能的衰减曲线为势能衰减曲线的包络线。这恰好反映出动能和势能之间相互转化的过程。对图 2.13(a)进行局部放大,得到图 2.13(b),可以推断出曲线的振荡频率约为 72.5THz,恰好约为 37.6 的两倍。根据式(2-14)~式(2-16)可以很容易地看出能量的频率是声子频率的两倍。最后,通过对图 2.13(c)进行指数拟合,得到弛豫时间约为 0.772ps,说明高频声子的弛豫时间很短。

根据上述方法,计算了三种石墨烯纳米带全波矢空间的弛豫时间,如图 2.14 所示。其中既包含了不同边界、不同宽度的石墨烯纳米带,同时也包括了温度的影响。图中可以得到以下三个结论。第一,声子的弛豫时间整体上随频率升高而降低,尤其在高频区,声子的弛豫时间下降非常迅速。第二,通过比较图 2.14(a)和(b)发现,石墨烯纳米带的宽度也影响弛豫时间,石墨烯纳米带越窄,弛豫时间越低。而对于相同宽度的扶手椅形和锯齿形石墨烯纳米带,两者的弛豫时间则无明显差别。第三,通过比较图 2.14(c)中 300K 和 1000K 的结果发现,当温度升高后,弛豫时间急剧下降。为了说明上述结果,需要引入考虑边界影响的弛豫时间模型[43,133]。根据马西森定则,包含边界效应的弛豫时间为

$$\frac{1}{\tau} = \frac{1}{\tau_U} + \frac{1}{\tau_B} \tag{2-30}$$

其中,τ_U 和 τ_B 分别表示 U 过程和边界散射弛豫时间。对于 U 过程散射,它的数学式为

$$\frac{1}{\tau_U} = \frac{\hbar \gamma^2}{m_b v_g^2 \Theta} \omega^2 T \exp\left(-\frac{\Theta}{3T}\right) \tag{2-31}$$

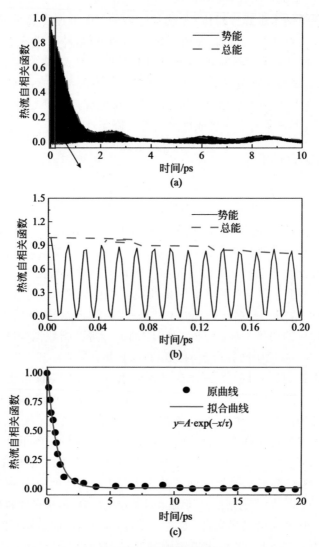

图 2.13　MD 模拟结果

(a) 热流自相关函数衰减曲线；(b) 局部放大图；(c) 拟合热流自相关衰减曲线得到声子弛豫时间

对于边界散射，其表达式为

$$\frac{1}{\tau_B} = \frac{v_g}{W} \frac{1-p}{1+p} \tag{2-32}$$

其中，γ 为格林艾森常数，Θ 为德拜温度，W 为厚度，p 为边界的镜面散射系数。据文献[43]可知锯齿形边界的镜反射系数高于扶手椅形边界。式(2-32)

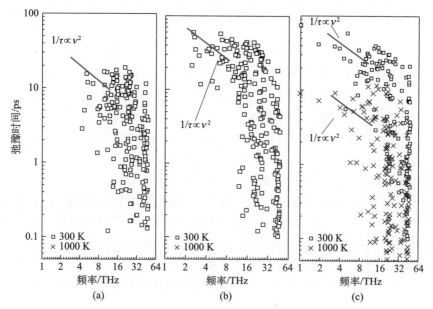

图 2.14 三种石墨烯纳米带的弛豫时间在全波矢空间随频率的变化关系
(a) (5,0); (b) (17,0); (c) (10,10)

显示出频率和弛豫时间的倒数存在二次关系,所以在图 2.14 中加了"$1/\tau \propto \nu^2$"曲线与实际的变化趋势做比较。为了便于描述,称之为"理想曲线"。结果显示,大部分点都偏离理想曲线,而且频率越高偏离的程度越厉害。根据理论模型可知,石墨烯纳米带宽度越小,边界散射越剧烈,偏离理想曲线的点越多,所以石墨烯纳米带(5,0)的弛豫时间分布最发散,偏离理想曲线的点最多。"×"表示 1000K 时石墨烯纳米带(10,10)的弛豫时间计算结果。相比 300K 时,弛豫时间有显著下降的趋势。根据式(2-31)也可以看出,温度越高,弛豫时间越低。

2.2.3 比热容

比热容也是最重要的热物性之一,声子的比热容与其在热传导过程中的贡献息息相关。它可以根据晶格动力学分析导出:

$$c(\omega) = \frac{\hbar \omega}{V} \frac{\partial f_0}{\partial t} \text{DOS}(\omega) \quad (2\text{-}33)$$

$$f_0 = \frac{1}{\exp\left(\dfrac{\hbar \omega}{k_B T}\right) - 1} \quad (2\text{-}34)$$

$$c(\omega) = \frac{k_{\mathrm{B}}}{V}\left(\frac{\hbar\omega}{k_{\mathrm{B}}T}\right)^2 \exp\left(\frac{\hbar\omega}{k_{\mathrm{B}}T}\right) \frac{1}{\left(\exp\left(\frac{\hbar\omega}{k_{\mathrm{B}}T}\right)-1\right)^2} \mathrm{DOS}(\omega) \quad (2\text{-}35)$$

其中，c 为比热容，f_0 为平衡态时的玻色-爱因斯坦分布。由于比热容的公式中包含声子态密度，所以需要先计算它们的声子态密度。图 2.15 显示了三种石墨烯纳米带的声子态密度，和图 2.8 中石墨烯的声子态密度进行比较发现，它们具有类似的峰值，主峰均在 48THz 附近，但是由于边界的影响，石墨烯中很多声子模式都没有在石墨烯纳米带中被激发出来，因此石墨烯纳米带的声子态密度比较稀疏，尤其在 25~35THz。

图 2.16 显示了三种纳米带在 300K 时随着频率变化的比热容，以及石墨烯纳米带(10,10)在 1000K 时的比热容。在 300K，低频区域的声子的比热容远高于高频区域的声子，尤其对于石墨烯纳米带(10,10)，低频段(小于 15THz)声子的比热容最高。对于石墨烯纳米带(5,0)和(17,0)，中频段(15~25THz)声子比热容高于低频段和高频段的比热容。三种石墨烯纳米带的高频段(大于 25THz)比热容均很低，说明在 300K 时高频段声子对导热的贡献很小。当温度从 300K 升至 1000K 后，比热容发生显著变化，高频段的比热容大大升高，说明随着温度升高，高频段声子对导热过程的影响越来越显著。下面将研究它们在导热过程中的贡献。

2.2.4 热导率

有了群速度、弛豫时间、比热容等参数，就可以计算各个频率的声子热导率及它们在导热过程中的贡献。图 2.17 显示了三种石墨烯纳米带在 300K 和 1000K 时热导率随频率积分的结果。结果显示在 300K 时，石墨烯纳米带(5,0),(17,0) 和 (10,10) 的热导率分别为 175.5W/(m·K)，396.8W/(m·K)，585.4W/(m·K)。其结果远低于相同状态下石墨烯的热导率[130]，这是由于边界散射增强，声子弛豫时间降低，所以热导率降低。图中有四点需要注意。第一，相同宽度下，扶手椅形石墨烯纳米带热导率低于锯齿形石墨烯纳米带热导率，这与文献[78]的结果相符。此外，边界还影响声子的导热贡献。第二，对于石墨烯纳米带(5,0)和(17,0)，当频率达到 20THz 之后，热导率结果趋于饱和，而对于石墨烯纳米带(10,10)，30THz 之后结果才饱和。这说明锯齿形石墨烯纳米带的高频声子的导热贡献高于扶手椅形声子，因为前者高频声子的群速度更高。第三，相同边界形状下，宽度越小热导率越低，这是由边界散射增强导致的。第四，随着温度升高，

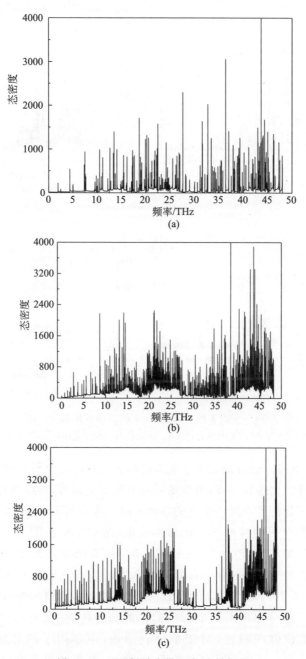

图 2.15 石墨烯纳米带的声子态密度
(a) (5,0); (b) (17,0); (c) (10,10)

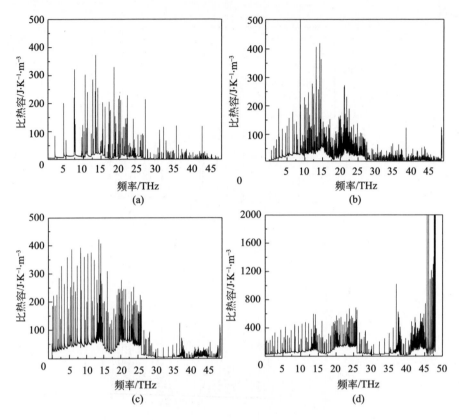

图 2.16 不同手性、不同温度下的石墨烯纳米带比热容
(a) (5,0)300K；(b) (17,0)300K；(c) (10,10)300K；(d) (10,10)1000K

热导率显著下降。通过前文关于弛豫时间和比热容的分析发现，温度升高，弛豫时间下降，比热容升高；但弛豫时间下降得更显著，所以热导率下降。

另外，还分析了不同声子支的导热贡献。考虑到声学声子只有三支，却贡献显著，因此只关注声学支的导热贡献，结果显示在图 2.18 中。300K 时，对于石墨烯纳米带(5,0)，ZA，TA，LA 的贡献分别为 4.9%，12.3%，12.9%，合计为 30.1%；对于石墨烯纳米带(17,0)，ZA，TA，LA 的贡献分别为 2.1%，6.2%，6.7%，合计为 15.0%；对于石墨烯纳米带(10,10)，ZA，TA，LA 的贡献分别为 1.3%，4.5%，5.9%，合计为 11.7%。结果与单层石墨烯的形成鲜明对比，对于单层石墨烯，声学声子的导热贡献高达 30%～70%[134]。结果有五点需要强调：第一，石墨烯纳米带(10,10)的声学声子贡献低于(17,0)，换言之，扶手椅形石墨烯纳米带的声学声子导热贡

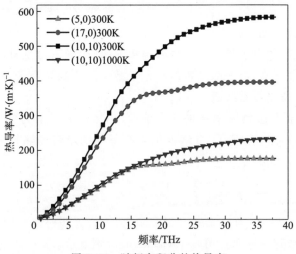

图 2.17 随频率积分的热导率

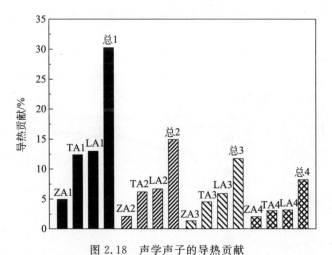

图 2.18 声学声子的导热贡献

1~3 分别代表石墨烯纳米带(5,0)、(17,0)和(10,10)在 300K 的结果，
4 则代表(10,10)在 1000K 的结果

献更强。第二，宽度越小，声学声子贡献反而越大。这是因为对于石墨烯纳米带(5,0)，它的原胞只有 22 个原子，即 63 支光学支，远低于其他两种石墨烯纳米带，所以石墨烯纳米带(5,0)中声学声子导热比重高于(17,0)和(10,10)。第三，在三支声学声子中，ZA 声子的贡献最小，这是由于它的群速度最低。这个结论与石墨烯的相反，对于石墨烯，由于 ZA 的声子态密度

较大,所以相对贡献较大,而对于石墨烯纳米带,ZA 支声子的声子态密度与其他两支相比无明显优势。第四,石墨烯纳米带(10,10)光学支的贡献最大,得益于光学支声子具有较高的群速度。第五,随着温度升高,声学支声子的贡献显著下降,与之前分析的结论一致。因为高频声子比热容随温度升高而升高,所以贡献增强。

为了验证上述热导率结果的准确性,用平衡分子动力学(equilibrium molecular dynamics,EMD)方法模拟了石墨烯纳米带的热导率。EMD 方法使用 Green-Kubo 公式计算热导率:

$$\lambda = \frac{1}{3VT^2 k_B} \int_0^\infty \langle J(t) \cdot J(0) \rangle \mathrm{d}t \qquad (2\text{-}36)$$

其中,$\langle J(t) \cdot J(0) \rangle$ 为热流的自相关函数,该式表明对热流自相关函数进行积分即可得到热导率。图 2.19(a)和(b)分别显示了石墨烯纳米带(17,0)和(10,10)在 300K 时的结果,包括热流自相关函数衰减曲线和积分曲线。结果显示图 2.19(a)和(b)的热流自相关函数衰减曲线分别在 20ps 和 40ps 内衰减至 0。对热流自相关函数进行积分得到石墨烯纳米带(17,0)和(10,10)的热导率分别为 410W/(m·K)和 555W/(m·K),该结果不仅与图 2.17 的结果相近,而且与文献[136]中用相同方法得到的结果 400W/(m·K),600W/(m·K)符合得很好。

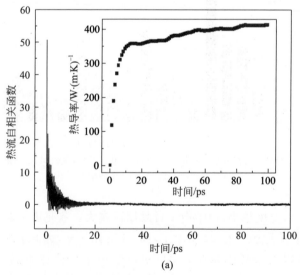

图 2.19 石墨烯纳米带在 300K 时的热导率

(a) (17,0);(b) (10,10)

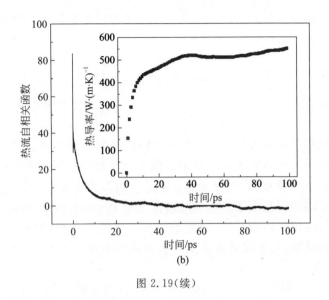

图 2.19(续)

2.3 边界对石墨烯纳米带热流分布的影响

边界对纳米结构的热物性产生影响,其更深层次的原因是对热流分布产生了影响,接下来将研究边界对热流分布的影响。

2.3.1 热流的计算方法

为了研究热流分布,首先需要计算系统的微观热流。$J(t)$ 表示系统在 t 时刻的热流,其表达式为

$$J(t) = \sum_i \frac{\mathrm{d} r_i E_i}{\mathrm{d} t} = \sum_i v_i E_i + \sum_i r_i \frac{\mathrm{d} E_i}{\mathrm{d} t} \tag{2-37}$$

$$E_i = \frac{1}{2} m_i v_i^2 + E_{p_i} \tag{2-38}$$

其中,r_i、v_i、E_i、m_i 和 E_{p_i} 分别为第 i 个原子的位置、速度、总能、质量和势能。其中最关键也是最烦琐的部分是势能的计算。尽管现有文献中存在各式各样的用于研究不同势能模型的材料,但是仍然有热流计算公式形式混乱的问题,因此有必要给出一个形式简洁但准确的热流计算公式。$J(t)$ 可以分为两部分:

$$J(t) = J_{\mathrm{kin}} + J_{\mathrm{pot}} \tag{2-39}$$

其中,$J_{\mathrm{kin}} = \sum v_i E_i$,表示由原子运动产生的能量输运;$J_{\mathrm{pot}} = \sum r_i (\mathrm{d} E_i/\mathrm{d} t)$,

表示原子间相互作用产生的能量输运。前者可以很容易地计算出来,而后者需要进一步分解:

$$J_{\text{pot}} = \sum_i r_i v_i F_i + \sum_i r_i \frac{\mathrm{d}E_{\text{P}_i}}{\mathrm{d}t} = \sum_i \sum_{j \neq i} r_{ij} \left(-\frac{\partial E_{\text{P}_i}}{\partial r_i} v_i \right) \quad (2\text{-}40)$$

其中,F_i 表示第 i 个原子所受的合力,$r_{ij} = r_i - r_j$。接下来将引入具体的势能模型。

势能模型主要分为两种,一种是两体势,一种是多体势。对于两体势,原子 i 和原子 j 间的势能 $E_{\text{P}_{ij}}$ 仅由这两个原子的相互作用决定,不涉及其他原子。对于多体势模型,原子 i 和原子 j 间的势能 $E_{\text{P}_{ij}}$ 则包含 3 个或 3 个以上原子间的相互作用。本节的模拟采用 Brenner 势[128]描述石墨烯纳米带原子间的相互作用。Brenner 势能属于多体势模型,但是它的表达形式类似于双体势,只是比后者多了一项多体势参数。因为 Brenner 势是多体势,所以有:

$$\frac{\mathrm{d}E_{\text{P}_i}}{\mathrm{d}t} = \frac{1}{2} \left(\sum_{j \neq i} \frac{\partial E_{\text{P}_{ij}}}{\partial r_i} v_i + \sum_{j \neq i} \sum_{k \neq i,j} \frac{\partial E_{\text{P}_{ij}}}{\partial r_k} v_k \right) \quad (2\text{-}41)$$

把上式代入式(2-40)得到 Brenner 势的热流计算式为

$$J = \sum_i E_i v_i + \frac{1}{2} \sum_i \sum_{j \neq i} \sum_{k \neq i} r_{ik} \frac{\partial E_{\text{P}_{ij}}}{\partial r_k} v_k \quad (2\text{-}42)$$

目前,文献中存在多种不同的关于 Brenner 势的热流计算式[137-141],它们的形式繁简不一,结果也不尽相同。因此有必要对这几个公式一一讨论。

(1) 公式 A

$$J_{\text{pot}} = \sum_i \sum_{j \neq i} \frac{\partial E_{\text{P}_i}}{\partial r_j} v_j r_{ij} \quad (2\text{-}43)$$

很显然上式被错误地引用。正确表达式应该改成:

$$J_{\text{pot}} = \sum_i \sum_j \frac{\partial E_{\text{P}_i}}{\partial r_j} v_j r_i \quad (2\text{-}44)$$

(2) 公式 B

Li 等[140]把 J_{pot} 分解两体势部分和多体势部分,具体形式为

$$J_{\text{pot}} = \sum_i \sum_{j \neq i} \left[\frac{1}{2} r_{ij} \left(-\frac{1}{2} \frac{\partial E_{\text{P}_{ij}}}{\partial r_j} v_j + \frac{1}{2} \frac{\partial E_{\text{P}_{ij}}}{\partial r_i} v_i \right) - \frac{1}{2} \sum_{k \neq i} (r_{jk} - r_{ki}) \left(-\frac{1}{2} \frac{\partial E_{\text{P}_{ij}}}{\partial r_k} v_k \right) \right] \quad (2\text{-}45)$$

上述表达式结构比较复杂,还可以进一步简化:

$$\sum_i \sum_{j\neq i} \frac{1}{2} \boldsymbol{r}_{ij} \left(-\frac{1}{2} \frac{\partial E_{\mathrm{P}_{ij}}}{\partial \boldsymbol{r}_j} \boldsymbol{v}_j + \frac{1}{2} \frac{\partial E_{\mathrm{P}_{ij}}}{\partial \boldsymbol{r}_j} \boldsymbol{v}_i \right)$$

$$= -\frac{1}{2} \sum_i \sum_{j\neq i} \frac{1}{2} \boldsymbol{r}_{ji} \frac{\partial E_{\mathrm{P}_{ij}}}{\partial \boldsymbol{r}_j} \boldsymbol{v}_j + \frac{1}{2} \sum_i \sum_{j\neq i} \frac{1}{2} \boldsymbol{r}_{ij} \frac{\partial E_{\mathrm{P}_{ij}}}{\partial \boldsymbol{r}_j} \boldsymbol{v}_j$$

$$= \frac{1}{2} \sum_i \sum_{j\neq i} \boldsymbol{r}_{ij} \frac{\partial E_{\mathrm{P}_{ij}}}{\partial \boldsymbol{r}_j} \boldsymbol{v}_j \tag{2-46}$$

$$-\frac{1}{2} \sum_i \sum_{j\neq i} \sum_{k\neq i} (\boldsymbol{r}_{jk} - \boldsymbol{r}_{ki}) \left(-\frac{1}{2} \frac{\partial E_{\mathrm{P}_{ij}}}{\partial \boldsymbol{r}_k} \boldsymbol{v}_k \right)$$

$$= \sum_i \sum_{j\neq i} \sum_{k\neq i} \frac{1}{4} \boldsymbol{r}_{jk} \frac{\partial E_{\mathrm{P}_{ij}}}{\partial \boldsymbol{r}_k} \boldsymbol{v}_k + \sum_i \sum_{j\neq i} \sum_{k\neq i} \frac{1}{4} \boldsymbol{r}_{ik} \frac{\partial E_{\mathrm{P}_{ij}}}{\partial \boldsymbol{r}_k} \boldsymbol{v}_k$$

$$= \sum_i \sum_{j\neq i} \sum_{k\neq i} \frac{1}{2} \boldsymbol{r}_{ik} \frac{\partial E_{\mathrm{P}_{ij}}}{\partial \boldsymbol{r}_k} \boldsymbol{v}_k \tag{2-47}$$

因此,式(2-45)等价于式(2-42),但是后者更加简洁明了。

(3) 公式 C

$$\boldsymbol{J}_{\mathrm{pot}} = \sum_i \sum_j \sum_k \sum_l -\frac{1}{2} \boldsymbol{r}_{ik} \frac{\partial E_{\mathrm{P}_{kl}}}{\partial \boldsymbol{r}_{ij}} \boldsymbol{v}_i \tag{2-48}$$

虽然该式结构简单明了,但是其物理意义并不明确,既无两体势项,也无多体势项。经过推导发现式(2-48)与式(2-42)在数学上严格等价:

$$\sum_i \sum_j \sum_k \sum_l -\frac{1}{2} \boldsymbol{r}_{ik} \frac{\partial E_{\mathrm{P}_{kl}}}{\partial \boldsymbol{r}_{ij}} \boldsymbol{v}_i = -\sum_i \sum_j \sum_k \boldsymbol{r}_{ik} \frac{\partial E_{\mathrm{P}_k}}{\partial \boldsymbol{r}_{ij}} \boldsymbol{v}_i$$

$$= -\sum_i \sum_k \boldsymbol{r}_{ik} \boldsymbol{v}_i \sum_{j\neq i} \frac{\partial E_{\mathrm{P}_k}}{\partial \boldsymbol{r}_{ij}} \tag{2-49}$$

$$-\sum_i \sum_k \boldsymbol{r}_{ik} \boldsymbol{v}_i \sum_{j\neq i} \frac{\partial E_{\mathrm{P}_k}}{\partial \boldsymbol{r}_{ij}} = -\sum_i \sum_k \boldsymbol{r}_{ik} \boldsymbol{v}_i \sum_{j\neq i} \frac{\partial E_{\mathrm{P}_k}}{\partial \boldsymbol{r}_i} = \sum_i \sum_j \boldsymbol{r}_{ij} \frac{\partial E_{\mathrm{P}_i}}{\partial \boldsymbol{r}_i} \boldsymbol{v}_j \tag{2-50}$$

$$\sum_i \sum_j \boldsymbol{r}_{ij} \frac{\partial E_{\mathrm{P}_i}}{\partial \boldsymbol{r}_i} \boldsymbol{v}_j = \frac{1}{2} \sum_i \sum_{j\neq i} \sum_{k\neq i} \boldsymbol{r}_{ij} \frac{\partial E_{\mathrm{P}_{ik}}}{\partial \boldsymbol{r}_i} \boldsymbol{v}_j = \frac{1}{2} \sum_i \sum_{j\neq i} \sum_{k\neq i} \boldsymbol{r}_{ik} \frac{\partial E_{\mathrm{P}_{ij}}}{\partial \boldsymbol{r}_k} \boldsymbol{v}_k \tag{2-51}$$

(4) 公式 D

$$\boldsymbol{J}_{\mathrm{pot}} = -\sum_i \sum_j \boldsymbol{r}_i \frac{\partial E_{\mathrm{P}_{ij}}}{\partial \boldsymbol{r}_{ij}} \boldsymbol{v}_i + \frac{1}{2} \sum_i \sum_j \left(\boldsymbol{r}_i \frac{\partial E_{\mathrm{P}_{ij}}}{\partial \boldsymbol{r}_{ij}} \frac{\partial \boldsymbol{r}_{ij}}{\partial t} + \sum_{k\neq ij} \boldsymbol{r}_i \frac{\partial E_{\mathrm{P}_{ij}}}{\partial \boldsymbol{r}_{ik}} \frac{\partial \boldsymbol{r}_{ik}}{\partial t} \right) \tag{2-52}$$

其中,第一部分由 $\sum_i \boldsymbol{r}_i \boldsymbol{v}_i \boldsymbol{F}_i$ 导出,第二部分来自于 $\sum_i \boldsymbol{r}_i (\mathrm{d} E_{\mathrm{p}_i}/\mathrm{d} t)$。由于 Brenner 势为多体势模型,所以第 i 个原子的 E_{p_i} 势能包含所有原子的位置信息,因此对 E_{p_i} 的全微分中应包含所有原子的位移变化。而式(2-52)中明显缺少对 $\boldsymbol{r}_{jk}$ 的微分,其完整表达式为

$$\sum_i \boldsymbol{r}_i \boldsymbol{v}_i \boldsymbol{F}_i = -\sum_i \boldsymbol{r}_i \boldsymbol{v}_i \left[\sum_{j\neq i} \sum_{k\neq i} \frac{\partial E_{\mathrm{p}_{ij}}}{\partial \boldsymbol{r}_{ik}} + \frac{1}{2} \sum_{j\neq i} \sum_{k\neq ij} \left(\frac{\partial E_{\mathrm{p}_{kj}}}{\partial \boldsymbol{r}_{ik}} + \frac{\partial E_{\mathrm{p}_{kj}}}{\partial \boldsymbol{r}_{ij}} \right) \right]$$
(2-53)

$$\sum_i \boldsymbol{r}_i \frac{\mathrm{d} E_{\mathrm{p}_i}}{\mathrm{d} t} = \frac{1}{2} \sum_i \sum_j \left(\boldsymbol{r}_i \frac{\partial E_{\mathrm{p}_{ij}}}{\partial \boldsymbol{r}_{ij}} \frac{\partial \boldsymbol{r}_{ij}}{\partial t} + \sum_{k\neq ij} \boldsymbol{r}_i \frac{\partial E_{\mathrm{p}_{ij}}}{\partial \boldsymbol{r}_{ik}} \frac{\partial \boldsymbol{r}_{ik}}{\partial t} + \sum_{k\neq ij} \boldsymbol{r}_i \frac{\partial E_{\mathrm{p}_{ij}}}{\partial \boldsymbol{r}_{jk}} \frac{\partial \boldsymbol{r}_{jk}}{\partial t} \right)$$
(2-54)

很显然,上式比式(2-41)复杂很多,实用价值欠缺。

(5) 公式 E

$$\boldsymbol{J}_{\mathrm{kin}} = -\sum_i E_i \boldsymbol{v}_i \tag{2-55}$$

$$\boldsymbol{J}_{\mathrm{pot}} = \frac{1}{2} \sum_i \sum_{j\neq i} \boldsymbol{r}_{ij} \frac{\partial E_{\mathrm{p}_{ij}}}{\partial \boldsymbol{r}_j} \boldsymbol{v}_j + \frac{1}{2} \sum_i \sum_{j\neq i} \sum_{k\neq ij} \boldsymbol{r}_{ik} \frac{\partial E_{\mathrm{p}_{ij}}}{\partial \boldsymbol{r}_k} \boldsymbol{v}_k \tag{2-56}$$

公式 E 的错误之处在于 $\boldsymbol{J}_{\mathrm{kin}}$ 部分,其正确表示是 $\boldsymbol{J}_{\mathrm{kin}} = \sum_i \boldsymbol{v}_i E_i$。由于 $\boldsymbol{J}_{\mathrm{kin}}$ 对热流的计算结果影响很小,所以即使这部分计算错了,整体结果也不会偏离正确结果太多。

总体上,公式 B 和公式 C 与本节推导的式(2-42)在数学上严格等价,但是公式 B 结构过于复杂,缺乏实用价值。公式 C 则恰恰相反,形式过于简单,既不能体现多体势能项也不能体现两体势能项,缺乏物理意义。而其余三式均存在一定的问题,需要修正。式(2-42)的形式简洁明显,意义明确,接下来将利用它计算石墨烯纳米带中的热流分布。

2.3.2 石墨烯纳米带的热流分布

采用非平衡分子动力学方法(nonequilibrium molecular dynamics,NEMD)计算了扶手椅形石墨烯纳米带(17,0)和锯齿形石墨烯纳米带(10,10)的热流分布来研究边界形状对热流的影响。NEMD 方法产生热流的方式主要有两种,一种是速度交换法产生热流,另一种是直接施加热浴。本次模拟采用后者,在系统左右两端分别施加高低温热浴。图 2.20 为 NEMD 方法示意图。模拟时间步长为 0.5fs,运动方程的积分方法为蛙跳格式。控温

第 2 章 石墨烯纳米带的声子性质和热物性　　37

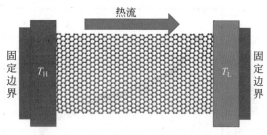

图 2.20　NEMD 方法示意图

方法采用 Nosé-Hoove 热浴[147]。高温热浴为 350K,低温热浴为 250K。首先在 NVT(N:粒子数恒定,V:体积恒定,T:温度恒定)系综下运行 10 万步,随后改成 NVE(N:粒子数恒定,V:体积恒定,E:能量恒定)系综下运行 40 万步,最后施加高温热浴和低温热浴,运行 500 万步。每一个原子产生的热流为 40 万步瞬时热流的算术平均值。

　　首先给出两种情况下的温度分布和热流大小。图 2.21(a)显示了两种情况的温度分布,系统沿 x 方向被分成 50 个切块,除去最外侧的固定边界区和次外侧的热浴区域,剩下的中期区域为有效计算温度梯度区域,图中显示两者的结果大体一致。图 2.21(b)显示从低温热浴移出的能量(移出为负)随时间的累积,其斜率表示热流大小。由于认为温度梯度一致,所以图 2.21(b)的斜率直接反映热导率的大小。结果表明,锯齿形的石墨烯纳米带热导率大于扶手椅形。这与之前的分析结果完全吻合,间接地说明了模拟的正确性。

　　其次,图 2.22 显示了热流分布的模拟结果。图 2.22(a)为扶手椅形石墨烯纳米带的热流分布,图 2.22(b)则表示锯齿形石墨烯纳米带的热流分布。其中,蓝箭头代表最高的热流,红箭头次之,绿箭头最小。图中有几点需要说明。第一,左右两端为固定边界,所以该处热流最低,箭头呈绿色。第二,中间区域,大多呈蓝色,即热流最高,而且锯齿形的蓝色区域要多于扶手椅形,所以整体上锯齿形的热流要高于扶手椅形的热流,从另一个角度证实了锯齿形的热流更大。第三,靠近边界处,热流逐渐降低,箭头从深蓝色变为红色,到最外层变为绿色,而且这种降低趋势在扶手椅形中最为突出。图 2.22(c)给出了更直观的结果,扶手椅形两端热流远低于锯齿形,而锯齿形横截面的热流分布则相对均匀。总的来说,边界形状对热流分布有显著的影响。

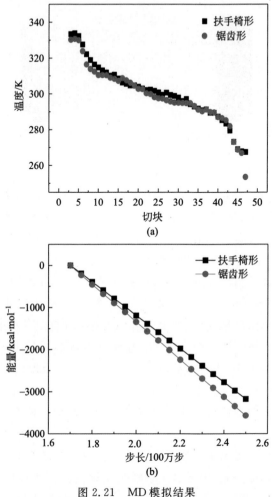

图 2.21 MD模拟结果

(a) 温度分布；(b) 从低温热浴移出的能量随时间的累积

2.3.3 石墨烯纳米带的声子气黏性

为了解释石墨烯纳米带边界形状不同导致的热流分布不同，这里将借鉴热质理论[142]的思想。热质理论是一种研究热量传递的新兴理论，它利用爱因斯坦的质能方程，把能量等效成质量，称为"热质"。材料中的传热过程等效成热质的流动过程，所以传热方程便转化为热质的运动方程。声子是晶体材料中的能量载体，所以声子气为晶体材料中的热质。基于声子气

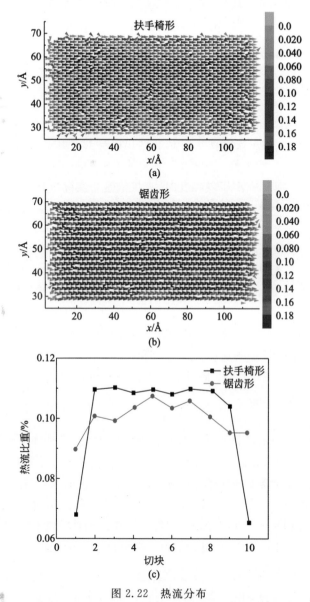

图 2.22 热流分布

(a) 扶手椅形热流分布；(b) 锯齿形热流分布；(c) 横截面热流分布

的运动方程[143]的动量守恒方程和能量守恒方程为

$$\rho_h \left(\frac{\partial u_h}{\partial t} + u_h \cdot \nabla u_h \right) + \nabla \rho_h + f_h = 0 \qquad (2\text{-}57)$$

$$\rho_h \frac{d}{dt}\left(\frac{1}{2}u_h^2\right) + u_h \cdot \nabla p_h + f_h u_h = 0 \tag{2-58}$$

其中,ρ_h,u_h,p_h 和 f_h 分别为热质的密度、速度、压力和阻力。而阻力项 f_h 与速度成正比:

$$f_h = \beta u_h \tag{2-59}$$

其中,β 为阻力系数。上述声子气方程既可以在一般情况下导出傅里叶导热定律,也可以在高热流密度下得到非傅里叶导热现象。其中的阻力项被认为是源于声子气的黏性。但是,目前文献中鲜有关于声子气黏性的研究,Mason 等[144-145]在研究声子气黏性时,直接借鉴了实际气体的黏度公式:

$$\eta_h = \frac{1}{3} f M_h l_h \tag{2-60}$$

其中,η_h 为声子黏度,f 为声子数密度,M_h 为声子动量,l_h 为声子的平均自由程。但是声子与实际气体存在不可忽视的差别,即其动量不守恒,不能算实际意义上的动量,故称为"拟动量"。因此,直接套用实际气体黏度公式的做法有待商榷。所以,需要重新考虑声子气黏性的计算公式。

在统计物理中,对于粒子的扩散输运性质研究建立在随机行走的基础之上[146]。这里的粒子既可以是分子、原子,也可以是声子,而扩散的对象既可以是质量、动量,也可以是能量。在粒子随机行走的过程中,行走距离的平方与时间成正比:

$$\langle |\mathbf{r}(t) - \mathbf{r}(0)|^2 \rangle \propto t \tag{2-61}$$

其中,$\langle \rangle$ 表示系统的统计平均。这里需要强调的是,若是弹道输运,即输运过程中无碰撞,则行走距离与时间成正比。因此,可以根据距离的平方与时间的幂次关系来判断输运现象的性质,即亚扩散、扩散、超扩散、弹道等。这里只研究扩散输运。质量扩散、动量扩散、能量扩散分别对应菲克定律、牛顿黏性定律和傅里叶导热定律,它们均是描述扩散现象的公式,区别在于研究对象不同,分别为粒子、动量和能量。按照涨落耗散理论中的爱因斯坦关系式,一个三维系统的质量扩散系数为

$$D = \lim_{t \to \infty} \frac{1}{6N} \sum_i^N \frac{d}{dt} \langle [\mathbf{r}_i(t) - \mathbf{r}_i(t_0)]^2 \rangle \tag{2-62}$$

而对于热导率也有相应的公式:

$$\lambda = \lim_{t \to \infty} \frac{1}{6VT^2 k_B} \frac{d}{dt} \langle \left[\sum \mathbf{r}_i(t) E_i(t) - \sum \mathbf{r}_i(t_0) E_i(t_0)\right]^2 \rangle$$

$$\tag{2-63}$$

其中，λ 为热导率，k_B 为玻尔兹曼常数，T 为温度，V 为体积，E 为原子能量。如果把声子等效成实际粒子，就可以得到一个类似式(2-62)的声子气扩散系数。在此之前，需要对每个量进行一一等效。首先，声子是能量，且大小为 $h\nu$，所以声子数量 N 可以近似认为等于 $\sum E_i/h\nu_a$，这里 ν_a 表示平均频率。其次，声子的位矢等于原子位矢，并且乘以能量作为权重，所以得到声子气的扩散系数：

$$D_h = \lim_{t\to\infty} \frac{1}{6(h\nu_a)\sum E_i(t_0)} \frac{\mathrm{d}}{\mathrm{d}t} \left\langle \left[\sum \boldsymbol{r}_i(t)E_i(t) - \sum \boldsymbol{r}_i(t_0)E_i(t_0)\right]^2 \right\rangle \tag{2-64}$$

其中，$\sum E_i$ 表示系统的总能量，根据能量均分定理有

$$\sum E_i(t_0) = 3Nk_BT = \rho c_v VT \tag{2-65}$$

其中，$3N$ 为声子模式总数，每一种模式的声子均有 k_BT 能量。对比式(2-65)与式(2-63)可以发现，声子气扩散系数与热导率之间的关系为

$$D_h = \frac{\lambda}{\rho c} \frac{k_BT}{h\nu} = \alpha \frac{k_BT}{h\nu} \tag{2-66}$$

其中，α 为热扩散系数。所以声子气扩散系数与热扩散系数之间相差系数 $k_BT/h\nu_a$。虽然都属于热的扩散性质，由于研究角度的不同得到的结果也不同。

在之前的理论中，由于认为能量没有质量，无法将热扩散系数与黏度建立关系。现在，利用热质理论来构建声子气扩散系数与声子气黏度之间的关系。首先，根据能量均分原理，粒子随机运动的速度由温度确定，所以扩散系数与温度之间的关系为

$$D_h = \mu_h k_B T \tag{2-67}$$

其中，μ_h 为迁移率，表示粒子在系统中运动的难易程度，粒子的速度与迁移率与驱动力成正比：

$$u_h = \mu_h f_h \tag{2-68}$$

该结论在统计物理中可通过玻尔兹曼统计证实。式(2-59)和式(2-68)形式类似，两者都是热质理论中描述驱动力和速度的线性关系式，所以有 $\mu_h = 1/\beta$。把声子看成球形粒子，它的迁移率取决于其黏度和粒子尺寸：

$$\mu_h = \frac{1}{6\pi\eta_h r_h} \tag{2-69}$$

其中，r_h 为声子的尺寸，η_h 为声子气黏度。需要说明的是，声子不是实物

粒子，它本身没有尺寸、形状的概念，但是对此可以进行合理的假设。声子是晶格振动的量子化能量，它的本质为波。考虑到波粒二象性，所以假设它的尺寸为波长 l_w，$r_h = 0.5 l_w$，结合上式，声子气扩散系数和黏度的关系式为

$$D_h = \frac{k_B T}{6\pi \eta_h r_h} \tag{2-70}$$

声子气黏度为

$$\eta_h = \frac{h \nu_a}{3\pi l_w \alpha} \tag{2-71}$$

其中，声子气的平均频率 ν_a 由声子加权态密度 WDOS 求得：

$$\nu_a = \frac{\int \text{WDOS}(\nu) \nu \, d\nu}{\int \text{WDOS}(\nu) \, d\nu} \tag{2-72}$$

有了上述理论基础，就可以分别计算扶手椅形和锯齿形石墨烯纳米带的声子气黏度。考虑到声子众多，波长也难以估算，所以用石墨烯原胞的晶格常数来估算声子尺寸。石墨烯晶格常数为 0.246nm。普朗克常数为 6.62×10^{-34} J·s。石墨烯密度约为 1.06g/cm³。总体的比热容根据 $c_v = dE/dt$ 推得。图 2.23(a) 显示了两种石墨烯纳米带总能量在 300K 附近随温度变化的情况。温度变化范围为 280~320K，结果显示能量几乎线性变化，扶手椅形和锯齿形的斜率分别为 0.484eV/K 和 0.497eV/K，进而得到

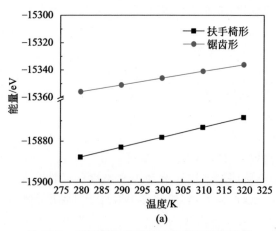

(a)

图 2.23　石墨烯纳米带的比热容和频率计算

(a) 总能量随温度变化曲线斜率即为比热容；(b) 扶手椅形和锯齿形石墨烯纳米带的 WDOS

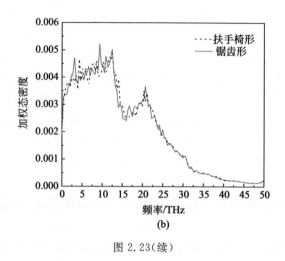

图 2.23(续)

两者的定容比热容分别为 $0.298\times10^4\text{J}/(\text{K}\cdot\text{kg})$ 和 $0.306\times10^4\text{J}/(\text{K}\cdot\text{kg})$。根据之前的模拟结果,扶手椅形和锯齿形热导率分别为 $396.8\text{W}/(\text{m}\cdot\text{K})$ 和 $585.4\text{W}/(\text{m}\cdot\text{K})$。平均频率根据 WDOS 计算得到,如图 2.23(b)所示。计算得到扶手椅形和锯齿形的平均频率分别为 14.5THz 和 14.87THz。

把上述结果代入式(2-71),得到室温下扶手椅形和锯齿形石墨烯纳米带的黏性分别为 $3.1\times10^{-8}\text{Pa}\cdot\text{S}$ 和 $2.2\times10^{-8}\text{Pa}\cdot\text{S}$,所以扶手椅形石墨烯纳米带的声子气黏度更高。类比于真实流体,扶手椅形石墨烯纳米带在边界处的滑移程度更弱,因此扶手椅形边界的热流相比锯齿形边界的热流更小。

2.4 本章小结

本章研究了石墨烯纳米带边界形状对导热过程的影响,分别从对热物性和热流两大方面的影响展开分析。通过分析热流揭示边界形状对导热影响的本质原因。

首先,用晶格动力学分析和简正模式分解法研究了石墨烯声子的热学性质。分析了石墨烯声子弛豫时间与温度和频率之间的关系,即 $1/\tau = B\nu^n T^m$,计算得到 $n=1.56$,m 与声子模式有关。并且,计算了不同频率的声子的热导率,分析了各种声子对导热的贡献,发现声学声子对导热起主导作用,贡献率可达 95%。但是随着温度升高,光学声子的贡献率有所提高。

其次,研究石墨烯纳米带边界形状对热物性的影响。具体从色散关系、弛豫时间、比热容和热导率四个方面展开讨论。由于石墨烯纳米带原胞原子增多,其色散曲线的支数远多于石墨烯的支数,而且锯齿形的色散关系更陡峭,因此具有较高的声子群速度。声子比热容的变化体现在,对于扶手椅形,中频段声子(15THz 到 25THz)具有较高的比热容,而对于锯齿形,低频段声子(小于 15THz)具有较高的比热容。对弛豫时间,石墨烯纳米带的弛豫时间要低于石墨烯的弛豫时间,但是扶手椅形和锯齿形之间无明显差别。热导率方面,石墨烯纳米带的热导率大大低于石墨烯的热导率,而且,石墨烯纳米带中声学声子的导热贡献率大大降低。宽度约为 4nm 的扶手椅形和锯齿形石墨烯纳米带热导率分别为 396.8W/(m·K)和 585.4W/(m·K)。

最后,用 NEMD 方法分析了扶手椅形和锯齿形石墨烯纳米带的热流分布。结果发现,石墨烯纳米带的热流由内部向边界逐渐降低,边界处最低,而且扶手椅形的边界热流衰减最显著。然后,结合热质理论和涨落耗散理论,推导声子气黏性模型,得到扶手椅形和锯齿形石墨烯纳米带的黏性分别为 3.1×10^{-8}Pa·S 和 2.2×10^{-8}Pa·S。类比于真实流体,可知扶手椅形石墨烯纳米带在边界处的滑移量更小,所以它的热流更小,热导率更低。

第3章 PA/Si 纳米界面的热整流效应

第2章研究了边界对纳米结构热物性和热流分布的影响,给出了声子气的黏度模型。界面不仅可以调节纳米材料的热物性,也会产生奇特的物理现象。本章将研究纳米尺度下,边界导致的热整流效应。本书首次用实验的方法观测到纳米线双材料界面处存在热整流效应。分子动力学模拟又进一步证实了该现象,并用声子局域化理论揭示了纳米界面导致的热整流现象的机理。

3.1 实验研究

3.1.1 实验方法和原理

为了测得热整流系数,首先需要测量纳米线的热导率。实验采用一套具有高精度的测量平台,该平台已经成功用于其他纳米材料热导率的测量[148]。样品置于微加工测量设备上,且测量设备处于高真空环境中以消除热辐射的影响。同时,通过理论分析发现,对流换热的损失也可以忽略[148]。因此,整个实验具有很高的测量精度。

图 3.1(a)显示了微加工测量设备的扫描电镜图。该设备主要由两根 $1\mu m$ 粗、SiN_x 制成的梁组成,分别作为感应梁和加热梁。两根梁中间各有一个 $5\mu m \times 5\mu m$ 平板。在显微镜下,通过操作纳米机械手将纳米线放置在两根梁的平板上,两根梁中间区域镂空。图 3.1(b)显示了测量电路的原理图。电路的主体部分置于高真空恒温器中。一方面,在加热端施加频率为 1ω 的交流加热信号,使得加热梁获得 2ω 的热流和温升信号。而电阻变化又正比于温度变化,因此在加热端可以测得 3ω 的电压信号,记为 $V_{3\omega}$。另一方面,感应端施加直流电流,但是感应梁受到来自加热梁上流过来的 2ω 热流信号,因此在感应端可以测得 2ω 电压信号,记为 $V_{2\omega}$。实验的任务就是利用锁相放大器探测两端的 3ω 和 2ω 的电压信号,然后通过理论公式测得两端的温升,据此预测样品的热导率。下面对整个系统进行热平衡分析。

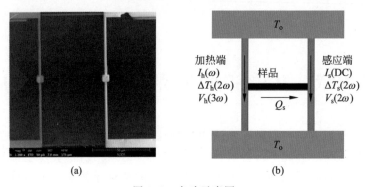

图 3.1 实验示意图
(a) 微加工测量设备的扫描电镜图；(b) 实验电路原理图

首先，根据傅里叶导热定律得到样品热导与热流之间的关系：

$$Q_s = G_p(\Delta T_h - \Delta T_s) \tag{3-1}$$

其中，G_p 为样品的热导，Q_s 为通过样品的热流。通过前人分析发现可以忽略辐射和对流换热的影响[148]，因此认为经过样品流到感应梁的热流 Q_s 全部耗散到环境中，所以

$$Q_s = G_s \Delta T_s \tag{3-2}$$

其中，G_s 为感应梁的热导。将式(3-1)和式(3-2)联立得到

$$G_p = G_s \frac{\Delta T_s}{(\Delta T_h - \Delta T_s)} \tag{3-3}$$

由于感应梁和加热梁由同一种材料制成，因此认为两者热导一致。加热梁热导为

$$G_s = G_h = \frac{Q_h}{2\Delta T_h} \tag{3-4}$$

$$G_p = \frac{Q_h}{2\Delta T_h} \frac{\Delta T_s}{(\Delta T_h - \Delta T_s)} \tag{3-5}$$

其中，G_h 为加热梁热导；Q_h 为加热端产生的焦耳热，由施加的直流电流直接估算出来。另外，还需要建立两端温升 ΔT_h，ΔT_s 与输出信号 $V_{3\omega}$，$V_{2\omega}$ 之间的关系。对于加热端，温升与 3ω 电压信号之间的关系[148]为

$$\Delta T_h = \frac{3V_{3\omega}}{I_\omega R_h} \left(\frac{dR_h}{R_h dT}\right)^{-1} \tag{3-6}$$

其中，I_ω 为输入的 1ω 交流电流，$dR_h/(R_h dT)$ 为加热梁的电阻温度系数（temperature coefficient of resistance，TCR）。对于感应端，由于 ΔT_s 远小

第 3 章　PA/Si 纳米界面的热整流效应

于 ΔT_h，需要用更高精度的测量电路测量 $V_{2\omega}$。此处采用惠斯通电桥法，如图 3.2 所示。R_s 为感应梁的电阻，$R_{s,p}$ 为与 R_s 电阻相当的配对电阻，它们置于真空恒温器中，而 R_1 和 R_2 则是置于外部环境中与 $R_{s,p}$，R_s 电阻相当的外接电阻。感应梁的温升为

$$\Delta T_s = \frac{2\sqrt{2} V_{2\omega}(R_s + R_1 + R_{s,p} + R_2)}{I_{DC}(dR_s/dT)R_2} \tag{3-7}$$

其中，I_{DC} 为施加在感应梁的直流电流。

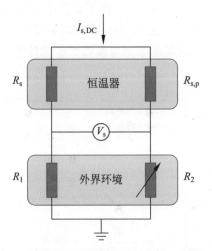

图 3.2　惠斯通电桥测量感应端 2ω 电压信号

3.1.2　数据处理和不确定度分析

本节以 PA 纳米线的测量为例，介绍实验的数据处理过程和不确定度分析。图 3.3 显示 PA 纳米线的扫描电镜图，测得它的直径为 (870.4 ± 11.74) nm。

图 3.3　PA 纳米线的扫描电镜图

根据式(3-6)和式(3-7)可知,计算温升最关键的物理量是梁的电阻温度系数,因此第一步需要测量该系数。测量方法是利用恒温器调节系统温度,然后测量梁的电阻 R 与温度 T 的变化关系。图 3.4 给出了加热梁和感应梁的电阻随温度的变化曲线,电阻温度系数由下式计算得到

$$\text{TCR} = \frac{1}{R_0}\frac{\text{d}R}{\text{d}T} \tag{3-8}$$

其中,R_0 为环境温度下的电阻值。测量结果如图 3.4 所示,由图可知,两根梁的电阻随温度近乎线性变化,而且两根梁的电阻比较接近,室温下分别为 759Ω 和 732Ω。通过拟合曲线,就可以得到两根梁的电阻温度系数,结果列在表 3-1 中。结果显示两端的电阻温度系数非常接近。梁的电阻温度系数的理论值为 0.0015[148],因此又可以进一步证实测量结果的可靠性。

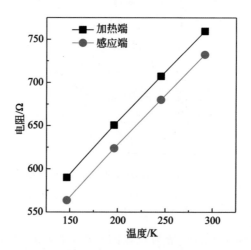

图 3.4　加热梁和感应梁的电阻(R)随温度(T)的变化曲线

表 3-1　加热端和感应端的电阻温度系数拟合结果

	$\frac{\text{d}R}{\text{d}T}\big/(\Omega/\text{K})$	拟合标准差$/(\Omega/\text{K})$	电阻温度系数$/(1/\text{K})$
加热端	1.165	0.004	0.001515
感应端	1.160	0.0045	0.001560

得到电阻温度系数之后,需要对加热端和感应端分别输入 1ω 交流加热电压源和直流电流源。需要说明的是,直流电流源只是用于捕捉 2ω 交

流电压信号,虽然它会在感应端产生焦耳热,但是它产生的信号只是直流信号,而实验关注的是交流信号,因此直流电流源产生的焦耳热不会影响测量结果。为了减少实验测量误差,在同一个温度点下,输入不同的加热电压,每一次对应一组 $V_{3\omega}$ 和 $V_{2\omega}$ 输出信号,对结果进行线性拟合得到热导率。实验的输入参数和输出参数见表 3-2。加热电压均匀地在 1~5V 取 7 个点,每一个点对应一组 $V_{3\omega}$ 和 $V_{2\omega}$ 输出信号,再根据式(3-6)和式(3-7)计算出 ΔT_h 和 ΔT_s。根据式(3-5)可知,为了确定样品的热导需要分别计算 $Q_h/\Delta T_h$ 和 $\Delta T_s/(\Delta T_h - \Delta T_s)$。下面,将通过曲线线性拟合得到 $Q_h/\Delta T_h$ 和 $\Delta T_s/(\Delta T_h - \Delta T_s)$。

表 3-2　测量温度为 300K 下,实验的输入参数(V_h 和 Q_h)和输出参数($V_{3\omega}$ 和 $V_{2\omega}$),以及根据公式推导得到的 ΔT_h 和 ΔT_s

V_h/V	Q_h/nW	$V_{3\omega}$/V	$V_{2\omega}$/V	ΔT_h/K	ΔT_s/K
1	38	5.84×10^{-7}	1.22×10^{-7}	0.213	0.0157
1.67	106	2.82×10^{-6}	3.39×10^{-7}	0.617	0.0437
2.33	207	7.75×10^{-6}	6.66×10^{-7}	1.21	0.0858
3	342	1.65×10^{-5}	1.10×10^{-6}	2.01	0.142
3.67	511	3.01×10^{-5}	1.64×10^{-6}	3.00	0.212
4.33	714	4.97×10^{-5}	2.30×10^{-6}	4.18	0.297
5	950	7.65×10^{-5}	3.07×10^{-6}	5.58	0.396

通过曲线拟合 Q_h-ΔT_h 曲线和 ΔT_s-$(\Delta T_h - \Delta T_s)$ 曲线得到相应的结果,拟合结果如图 3.5(a)和(b)所示,分别得到 $Q_h/\Delta T_h = 170.15$nW/K 和 $\Delta T_s/(\Delta T_h - \Delta T_s) = 0.07631$。所以感应梁的热导 G_s 和样品热导 G_p 分别为 85.075nW/K 和 6.49nW/K。通过扫描电镜测量得到样品的长度为 50.06μm,样品直径为 870.4nm,所以样品的热导率为 0.546W/(m·K)。图 3.5(c)给出了各温度下的热导率测量结果,PA 热导率随温度升高而升高。文献[149]中直径为 500nm 的 PA 纳米纤维热导率在室温下的测量值约为 0.4W/(m·K),与上述测量结果相当。

下面对测量结果进行不确定度分析,这是整个实验中不可缺少的步骤。根据式(3-5)可知,样品热导 G_p 的误差源来自 Q_h、ΔT_h 和 ΔT_s,用"δ( )"表示某个量的绝对偏差,考虑到 $\Delta T_h \gg \Delta T_s$,$G_p$ 的相对误差可分解为

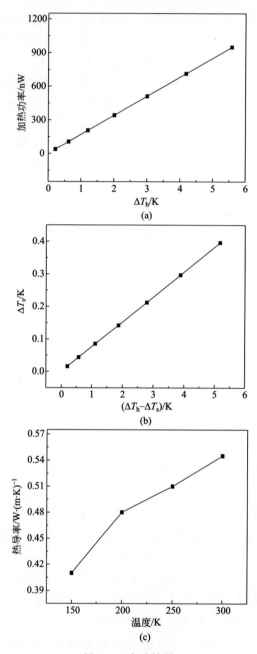

图 3.5　实验结果

(a) ΔT_h 随加热功率的变化曲线；(b) $(\Delta T_h - \Delta T_s)$ 随 ΔT_s 的变化曲线；(c) 各温度下热导率的测量结果

$$\frac{\delta(G_p)}{G_p}=\frac{\delta(Q_h)}{Q_h}+\frac{\delta(T_s)}{T_s}-\frac{2\delta(T_h)}{T_h} \tag{3-9}$$

根据式(3-6)和式(3-7),上式中的三部分又可以进一步分解。为了便于描述,用 S 表示电阻温度系数 dR/dt,S_h 和 S_s 分别表示加热梁和感应梁的电阻温度系数,因此有

$$\frac{\delta(Q_h)}{Q_h}=\frac{2\delta(I_h)}{I_h}+\frac{\delta(R_h)}{R_h} \tag{3-10}$$

$$\frac{\delta(\Delta T_h)}{\Delta T_h}=\frac{2\delta(V_{h,3\omega})}{V_{h,3\omega}}-\frac{\delta(I_h)}{I_h}-\frac{\delta(S_h)}{S_h} \tag{3-11}$$

$$\frac{\delta(\Delta T_s)}{\Delta T_s}=\frac{2\delta(V_{s,2\omega})}{V_{s,2\omega}}+\frac{\delta(I_{s,DC})}{I_{s,DC}}-\frac{\delta(S_s)}{S_s} \tag{3-12}$$

对于第一部分,I_h 和 R_h 的不确定度可以忽略(小于 0.1%)。而第二和第三部分只依赖于 $\delta(S_h)$ 和 $\delta(S_s)$,因此 G_p 相对误差可以表示为

$$\left|\frac{\delta(Q_h)}{Q_h}\right|=\left|\frac{2\delta(S_h)}{S_h}-\frac{\delta(S_s)}{S_s}\right| \tag{3-13}$$

根据表 3-1 可知,$\delta(S_h)/S_h=0.343\%$,$\delta(S_s)/S_s=0.388\%$,所以 $\delta(G_p)/G_p=0.3\%$。

3.1.3 单点接触的交叉纳米线样品测量

本章研究的双材料系统由 PA 和 Si 纳米线组成。选择这两种材料有两方面的考虑。一方面,为了实现热整流,双材料系统中的两种材料需要性质迥异,而 PA 和 Si 分别为有机材料和无机材料中的代表,性能优越,性质迥异,正好符合要求。另一方面,PA 和 Si 在日常生活中被广泛使用,来源广泛,合成简单,因此由它们制成的热整流器便于推广。

为了获得 PA/Si 纳米线交叉样品,利用纳米机械手,在光学显微镜的帮助下,将样品转移至微测量电路。如图 3.6(a)所示,Si 和 PA 纳米线一端分别搭在两根梁的中间平板上,以达到最大的接触面积和最小的接触热阻。图 3.6(b)和图 3.6(c)中显示两根纳米线与平板接触的部分被镀上一层铂,用于固定样品和减少接触热阻。此外,转移纳米线过程中,机械手不能破坏微测量电路,由此可知要准备一个合格的样品,成功率非常低。为了减少热损失,样品多余部分需要用聚焦离子束(focused ion beam,FIB)切除,图 3.6 显示的是切除之后的样品,Si 和 PA 纳米线的直径分别为 140nm 和 580nm。

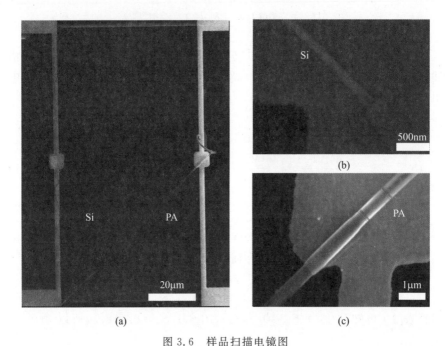

图 3.6　样品扫描电镜图

(a) PA/Si 交叉纳米线样品的扫描电镜图；(b) Si 纳米线局部视图；(c) PA 纳米线局部视图

实验中，需要对样品测量两次。首先热流从 Si 流向 PA，流过样品的热流记为 Q_{SP}，样品热导记为 G_{SP}。然后热流从 PA 流向 Si，此时热流记为 Q_{PS}，样品热导记为 G_{PS}。对比两次测量结果得到热整流系数，热整流系数 η_{TR} 可以定义为

$$\eta_{TR}=\frac{|Q_{PS}-Q_{SP}|}{Q_{SP}}\times 100\% \tag{3-14}$$

或者：

$$\eta_{TR}=\frac{|G_{PS}-G_{SP}|}{G_{SP}}\times 100\% \tag{3-15}$$

首先，研究热流密度对热整流的影响。前人的理论分析发现[71]，热流密度对热整流系数有显著影响。本实验中，在加热电压为 1~5V 均匀地取 7 个点。图 3.7(a) 显示了加热梁和感应梁的温升随加热电压的变化情况，系统温度维持在 300K。很显然，两根梁的温升随加热电压增加而单调增加，ΔT_h 和 ΔT_s 的最大值分别为 4.3K 和 0.08K，由此可知两者相差近两个数量级。这是由于样品热导率很低，感应梁的热流远小于加热梁的热流。

第 3 章 PA/Si 纳米界面的热整流效应

图 3.7(b) 显示了不同热流密度下，两种热流方向的热导测量结果，系统温度为 300K。结果显示，G_{SP} 总是大于 G_{PS}，说明存在热整流现象。需要强调的是，感应端温升 ΔT_s 很微弱，而低热流密度下会加大 ΔT_s 的不确定度，因此图 3.7(b) 中，热流密度越低，误差线越宽。为保证结果的准确性，加热电压应尽可能地大，同时确保样品不被烧断。图 3.7(c) 显示了根据热导测量结果推算出来的热整流系数。第一个点具有较大的不确定度，因此舍去。

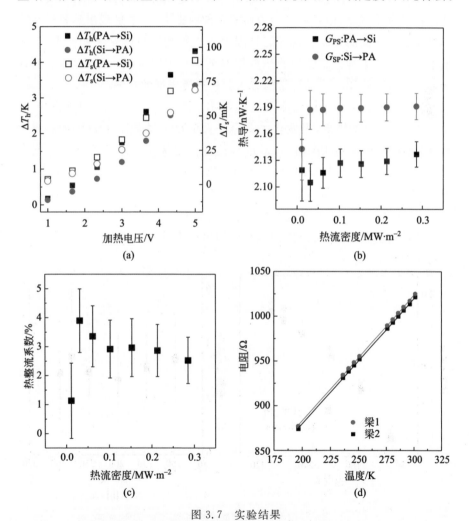

图 3.7 实验结果

(a) 加热梁和感应梁温升随加热电压的变化曲线；(b) 不同热流密度下的 G_{SP} 和 G_{PS} 的测量结果；
(c) 不同热流密度下的热整流系数；(d) 两根梁的电阻随温度的变化曲线

其余点表明热整流系数维持在3%附近。考虑到微测量设备的不对称性可能导致虚假的热整流现象,因此又比较了两根梁的电阻温度系数,结果显示在图3.7(d)中。结果显示,两梁的电阻温度系数在所测的温度区间内几乎保持一致,因此可以认为两根梁的性质参数一致,测量电路对称性良好。换言之,该系统中的热整流现象很可能是由于不同的热流方向导致样品热学性质改变,本章的理论部分将对此展开分析。总的来说,PA/Si纳米线界面处存在热整流现象,但是在实验力所能及的前提下,并未呈现出热整流系数与热流密度之间的关联。这可能是因为实验所施加的热流密度太小,与文献中用分子动力学方法施加的热流相差至少3个数量级。因此,后面的理论部分将进一步用分子动力学的方法分析热流密度的影响。

其次,研究温度对热整流效应的影响。图3.8(a)显示了不同温度下G_{SP}和G_{PS}的测量结果,很显然,G_{SP}总是大于G_{PS},这与图3.7(b)的结果一致,即热流从Si流向PA时,样品的导热性能更优越。样品热导随温度降低而降低,当温度从296K降至97K时,热导降低了40%,主要原因是PA的热导随温度降低而降低。图3.8(b)显示了不同温度下的热整流系数,结果在2.8%～3.5%不规则地变化,表明热整流系数几乎不受温度的影响。结合之前的测量结果,可以发现该系统的热整流系数维持在3%附近。

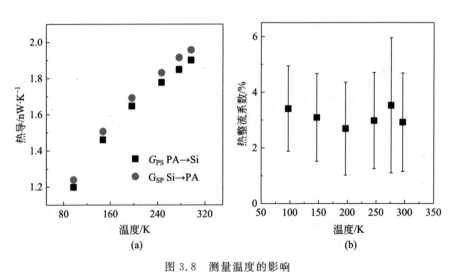

图3.8 测量温度的影响

(a) 不同温度下的G_{SP}和G_{PS}的测量结果;(b) 不同温度下的热整流系数

3.1.4 多点接触的交叉纳米线样品测量

为了进一步验证纳米线界面产生的热整流效应,又测量了另一组 PA/Si 交叉纳米线样品。图 3.9 显示了样品在 FIB 切割前后的扫描电镜图,由图可知,经过 FIB 切割后,由于内应力的缘故,样品发生显著形变。因此,两种纳米线的接触由单点接触变为多点接触,接触面积相比第一组样品有显著增加,意味着接触热阻更小。通过测量第二组样品,可以反映出接触热阻对热整流效应的影响。

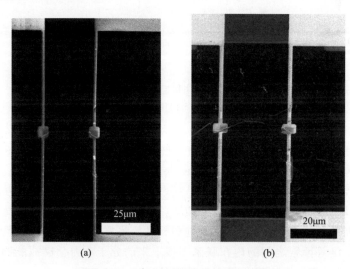

图 3.9 FIB 切割前后的扫描电镜图
(a) FIB 切割前的 PA/Si 交叉纳米线样品的扫描电镜图;
(b) FIB 切割后的 PA/Si 交叉纳米线样品的扫描电镜图

图 3.10 显示了样品的两种热导随温度的变化关系和相应的热整流系数。结果显示,热导随温度升高而升高,实验误差在可接受范围,和第一组样品一致。此外,在各个温度点下,G_{SP} 始终比 G_{PS} 高,说明第二组样品也存在热整流效应,而且趋势和第一组一样。热整流系数随着温度升高而略微升高。当温度从 296.5K 降至 246.3K 时,η_{TR} 从 2.7% 升至 3.4%。但是在测量第四个温度点时,样品由于误操作而被烧坏了,所以第二组样品只有 3 个温度点的数据。由于数据点过少,不足以说明温度与热整流系数之间的关系。总的来说,两组样品都存在热整流效应,而且热整流系数在 4% 左右,没有明显的差异。

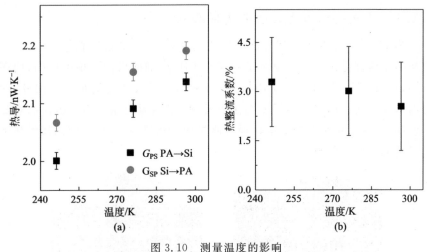

图 3.10 测量温度的影响
(a) 热导随温度的变化;(b) 整流系数随温度的变化

两组实验证明了 PA/Si 纳米线界面存在热整流效应。通过对两组样品的测量,即单点接触样品和多点接触样品,发现热整流系数在 4% 左右。其中实验测量误差小于 1%,因此热整流系数结果可靠。由于实验条件的限制,实验无法施加非常大的温度梯度,实验中的热流密度远不能达到模拟中所施加的热流密度,因此不能通过实验确认热整流系数和热流密度、界面热阻和温度等因素之间的内在联系。接下来的分子动力学模拟能够克服实验中的不足,可以用于揭示界面热整流效应的内在机理。

3.2 PA/Si 纳米线界面热整流效应的分子动力学研究

3.2.1 模型建立

本章用分子动力学的方法研究 PA/Si 纳米线界面的热整流效应。首先,需要选取合适的势能模型,模拟出稳定的 PA 和 Si 纳米线结构。实验所用的 PA 是 PA-11,其结构式为 $[-(NH-CO)-(CH_2)_{11}-]_n$。其结构示意图如图 3.11 所示,它由酰胺基—(NH—CO)—和亚甲基—(CH$_2$)—组成。本书采用修正的 OPLS 力场模型[150,151]模拟 PA 纳米线。修正的 OPLS 力场模型由 Caldwell 等提出,基于 N—甲基乙酰胺全分子模型[151],是目前聚合物分子链模拟中最广泛采用的模型之一。它由四部分组成,即

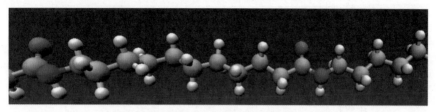

图 3.11 PA 单链结构示意图

成键的两个原子的相互作用 V_{bond}，成角的三个相邻原子的相互作用 V_{angle}，成二面角的四个相邻原子间的相互扭转作用 V_{torsion}，以及原子间的非成键作用 V_{nb}，具体如下所示：

$$E_p = V_{\text{bond}} + V_{\text{angle}} + V_{\text{torsion}} + V_{\text{nb}} \tag{3-16}$$

$$V_{\text{bond}} = \frac{1}{2} K_b (r - r_0)^2 \tag{3-17}$$

$$V_{\text{angle}} = \frac{1}{2} K_a (\varphi - \varphi_0)^2 \tag{3-18}$$

$$V_{\text{torsion}} = \frac{1}{2} \sum_n \text{KT}_n \cos n\tau \tag{3-19}$$

$$V_{\text{nb}} = \frac{q_i q_j}{4\pi\varepsilon_0} \left(\frac{1}{r_{ij}} + \frac{\varepsilon_{\text{rf}} - 1}{2\varepsilon_{\text{rf}} + 1} \frac{r_{ij}^2}{r_{\text{cut}}^3} \right) + 4\varepsilon_{ij} \left[\left(\frac{\sigma_{ij}}{r_{ij}} \right)^{12} - \left(\frac{\sigma_{ij}}{r_{ij}} \right)^6 \right] \tag{3-20}$$

其中，E_p, r, φ 和 τ 分别为总势能、两原子间的距离、三原子间的角度和四原子间的二面角；r_0, φ_0 和 τ_0 则分别为处于平衡位置时的距离、角度和二面角，K_a, K_b 和 KT 为相应的势能参数。非成键作用由库仑力和 Lennard-Jones(LJ)势组成，q 为原子电荷量，r_{cut} 为截断距离，ε_0 为真空电容率，ε_{rf} 为无量纲参数，ε_{ij} 和 σ_{ij} 为 LJ 势的能量和长度参数，具体参数见文献[151]。

利用上述势能模型，模拟计算了不同长度(L)、不同直径(D)的 PA 纳米线在不同温度(T)下的热导率(λ)，其中也包括 PA 单链。结果如图 3.12 所示，由图可以得到三个结论。第一，PA 纳米线热导率随温度升高而升高，这与文献[149]中的结论一致。第二，直径相同的前提下，纳米线长度越长，热导率越高，这是因为模拟的尺寸远低于 PA 中的声子平均自由程，所以模拟结果呈现出较强的尺寸效应。第三，长度相同下，直径越大，热导率越低。PA 属于无定形材料，但是本身存在部分的类晶体区域。类晶体区域越多，热导率就会越大。Zhong 等通过实验[149]证实了拉伸 PA 纳米线会

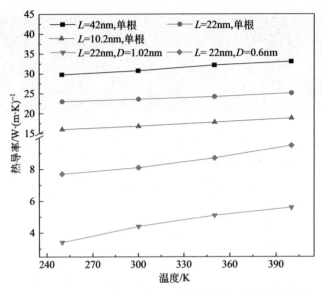

图 3.12　不同直径、长度的 PA 纳米线热导率随温度变化

导致 PA 纳米线直径降低,但是类晶体区域增多,热导率反而上升。所以,以上结论可以反映出势能模型的可靠性和分子动力学模拟的准确性。

Si 的晶格结构类似于金刚石,如图 3.13 所示。采用最广泛使用的 Stillinger-Weber (SW) 势[152]来描述 Si 原子间的相互作用。它是典型的多体势模型,由对势 V_{ij} 和三体势 V_{ijk} 组成:

图 3.13　Si 晶格结构示意图

$$E_\text{p} = \sum \frac{1}{2} V_{ij} + \sum \frac{1}{6} V_{ijk} \tag{3-21}$$

$$V_{ij} = \varepsilon_\text{SW} f_2 \left(\frac{\boldsymbol{r}_{ij}}{\sigma} \right) \tag{3-22}$$

$$f_2(r) = \begin{cases} A(Br^{-p} - r^{-p}) \exp(r - r_\text{cut})^{-1}, & r < r_\text{cut} \\ 0, & r \geqslant r_\text{cut} \end{cases} \tag{3-23}$$

$$V_{ijk} = \varepsilon_{SW} f_3 \left(\frac{\boldsymbol{r}_i}{\sigma} + \frac{\boldsymbol{r}_j}{\sigma} + \frac{\boldsymbol{r}_k}{\sigma} \right) \tag{3-24}$$

$$f_3(\boldsymbol{r}_i, \boldsymbol{r}_j, \boldsymbol{r}_k) = h(\boldsymbol{r}_{ij}, \boldsymbol{r}_{ik}, \theta_{jik}) + h(\boldsymbol{r}_{ji}, \boldsymbol{r}_{jk}, \theta_{ijk}) + h(\boldsymbol{r}_{ki}, \boldsymbol{r}_{kj}, \theta_{ikj}) \tag{3-25}$$

$$h(\boldsymbol{r}_{ij}, \boldsymbol{r}_{ik}, \theta_{jik}) = \eta \exp[\gamma (\boldsymbol{r}_{ij} - a)^{-1} + \gamma (\boldsymbol{r}_{ik} - a)^{-1}] \left(\cos\theta_{jik} + \frac{1}{3} \right)^2 \tag{3-26}$$

其中，ε_{SW} 为 SW 势的能量参数，A，B，p，q，η 和 γ 为拟合参数，具体见文献[152]。

分子动力学模拟在 LAMMPS 软件[153]上运行，它是一款非常有效的分子动力学模拟软件。利用上述模型，用 EMD 方法计算了晶体 Si 的热导率，图 3.14 显示了 300K 下的模拟结果，热导率的结果收敛于 300W/(m·K) 附近，与文献[154]相符。

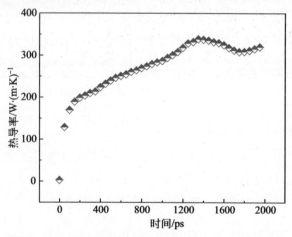

图 3.14　300K 下晶体 Si 热导率的分子动力学模拟结果

分别得到结构稳定的 PA 和 Si 纳米线之后，需要考虑的问题是两种材料如何接触。由于两者之间没有成键，只有范德华力存在，因此采用 LJ 势描述 PA 和 Si 的相互作用：

$$V_{LJ} = 4\varepsilon_{ij} \left[\left(\frac{\sigma_{ij}}{r_{ij}} \right)^{12} - \left(\frac{\sigma_{ij}}{r_{ij}} \right)^{6} \right] \tag{3-27}$$

其中，ε，σ 分别为能量参数和长度参数。PA 中共有 C, Cn, O, N, H 和 Hn 六种原子，其中，Cn 和 Hn 分别表示酰胺基中的碳原子和氢原子，C 和 H 分别为亚甲基中的碳原子和氢原子。因此需要六组参数,见表 3-3。最终的 PA/Si 交叉纳米线结构如图 3.15 所示,PA 纳米线下侧与 Si 纳米线上侧交错连接。

表 3-3 各原子间的 LJ 作用对应的能量参数和长度参数

	$\varepsilon/(\text{kcal/mol})$	$\sigma/\text{Å}$
C—Si	1.0811	2.0600
Cn—Si	1.0606	2.0600
O—Si	1.0510	2.0600
N—Si	1.0258	1.8640
H—Si	1.0686	1.5140
Hn—Si	1.0686	1.5140

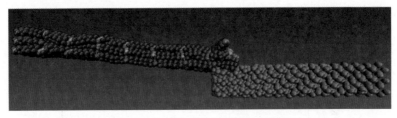

图 3.15 PA/Si 交叉纳米线示意图

3.2.2 模拟细节和结果

采用 NEMD 方法计算材料的热导率。x 方向设置为固定边界,而 y 和 z 方向则施加周期性边界。两端的原子分别置于温度为 T_H 和 T_L 的 Nosé-Hoover[147] 热浴之中。热浴区域的原子运动方程为

$$\frac{\mathrm{d}}{\mathrm{d}t}\boldsymbol{p}_i = F_i - \gamma \boldsymbol{p}_i \tag{3-28}$$

$$\frac{\mathrm{d}}{\mathrm{d}t}\gamma = \frac{1}{\tau^2}\left[\frac{T(t)}{T_0} - 1\right] \tag{3-29}$$

$$T(t) = \frac{2}{3Nk_B}\sum_i \frac{\boldsymbol{p}_i^2}{2m_i} \tag{3-30}$$

其中,$\boldsymbol{p}_i$, F_i 和 m_i 分别为原子的动量、力和质量;γ 为动力学参数,τ 为热浴弛豫时间,k_B 为玻尔兹曼常数,N 为热浴中总的原子数。从高温(低温)热浴中流入(流出)的热流为

$$Q = -3\gamma N k_B T(t) \tag{3-31}$$

样品的热导由傅里叶导热定律确定:$G=Q/\Delta T$。图 3.16 给出了 NEMD 方法模拟 PA/Si 纳米线热整流效应的示意图。首先,PA 一侧置于高温热浴,Si 一侧置于低温热浴,热流从 PA 流向 Si,得到 G_{PS}。然后,改变热流方向,使其从 Si 流向 PA,得到 G_{SP}。模拟时间步长为 0.25fs,系统首先在 NVT 系综中松弛 100 万步,然后再采用 NEMD 方法运行 500 万步。PA 和 Si 纳米线的初始长度分别为 10nm 和 8nm,直径均约为 1.5nm。重叠区域长度 L_{cross} 分别设为 2nm 和 4nm,旨在研究接触热阻的影响。系统的平均温度为 300K,高低热浴的温差分别设为 30K,60K,100K,150K 和 200K。

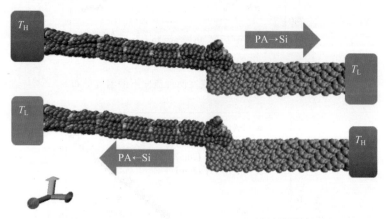

图 3.16　NEMD 方法模拟 PA/Si 纳米线热整流效应示意图

图 3.17 显示了热流从 PA→Si 和 Si→PA 时的温度分布。从图上可以看出,在中间区域有一定的温度跳跃,这是因为重叠区域存在接触热阻。在 PA 区和 Si 区的温度梯度没有显著差别,说明 PA 纳米线热导率和 Si 纳米线热导率相当。整体上,两种热流的温度梯度几乎一致。图 3.18 给出了各算例下从高温区移入的能量 E 随时间变化的曲线。热流为能量曲线的导数,即 $Q=dE/dt$,所以图中曲线的斜率反映出了热流的大小。根据图 3.17 可知温度梯度一致,所以能量积分曲线的斜率正比于热导率。图 3.18 有三点需要说明。第一,施加 Si→PA 热流时,对应的热导更大,即 $G_{SP}>G_{PS}$,所以存在热整流效应,而且规律与实验一致。第二,重叠长度越大时热导越高,这是因为重叠长度越大,接触热阻越小。第三,当 $L_{cross}=2$nm 时,G_{SP} 与 G_{PS} 的区别更加显著,即此时的热整流效应更加明显,说明接触热阻的大小能够影响热整流效应。

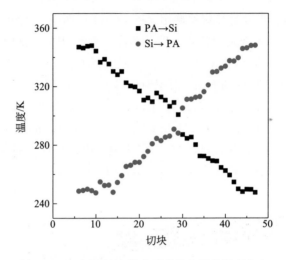

图 3.17 PA/Si 纳米线在两种流向下的温度分布

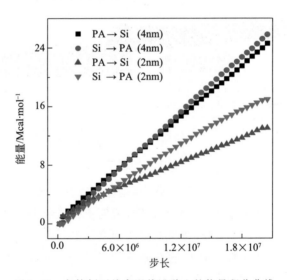

图 3.18 各算例下从高温热浴移入的能量积分曲线

图 3.19 显示了热整流系数随温差和重叠长度的变化关系。由图可知，$L_{\text{cross}}=2\text{nm}$ 时的热整流系数远大于 $L_{\text{cross}}=4\text{nm}$ 时的热整流系数，即接触热阻越大时热整流效应越明显。此外，随着温差升高，热整流系数也微微地上升，且 $L_{\text{cross}}=2$ 时上升得更加明显。总体上，接触热阻的影响比温差的更加显著。对比之前的实验结果，分子动力学模拟给出了更加清晰的趋势，这

是由于实验中所施加的热流仅有 $0.1\mathrm{MW/m^2}$,而分子动力学模拟中可以实现 $10^3\mathrm{MW/m^2}$ 的热流密度。

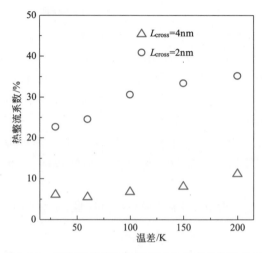

图 3.19 热整流系数随温差和重叠长度的变化关系

3.2.3 PA/Si 体材料的热整流效应模拟

本书通过研究 PA/Si 纳米线热整流效应发现,当热流从 Si 流向 PA 时,对应的热导更大。需要强调的是文献[71]中同样是研究聚合物/Si 界面的热整流效应,但是却得出与本书相反的结论,通过研究聚乙烯和 Si 界面的热整流现象,发现热流从聚乙烯流向 Si 时的热导率更高。本书的研究和文献[71]的最大区别在于,本书的研究对象是纳米结构,而文献[71]是体材料。相比于体材料,纳米结构通常具有奇特的性质,为了进一步确认纳米结构和体材料的区别,给出了 PA/Si 体材料的热整流结果。图 3.20 显示了 PA/Si 体材料界面的示意图,y 和 z 方向均采用周期性边界条件,能量参数全部和前文一致。

图 3.20 PA/Si 体材料界面示意图

图 3.21(a)显示了施加两种方向热流时的温度分布。可以看出 PA 端温度变化远大于 Si 端,说明体材料 PA 的热导率远低于 Si。这一点与 PA,Si 纳米线有很大不同,根据图 3.17 可知,PA 和 Si 纳米线热导率相当。结果显示,两种热流方向下的温度梯度并无显著区别,所以可以直接通过热流大小来比较热导率。图 3.21(b)显示了能量积分曲线,其斜率为热流。由图可知,PA 流向 Si 的热流大于 Si 流向 PA 的热流,通过比较它们的斜率得到 $\eta=(1.42/0.81-1)\times 100\%=75\%$,即整流系数高达 75%。通过模拟,发现体材料的热整流方向与纳米线的完全相反,这证实了文献的结论。为了解释这种现象,还需要进一步分析两种情况的热整流机理。对于体材料,产生热整流效应最主要的原因是材料热导率的空间、温度依赖性。根据之前的实验和模拟可知,PA 热导率随温度升高而升高,而 Si 的热导率则随温度升高而降低。因此,当 PA 置于高温区域、Si 置于低温区域时,热导率最大。

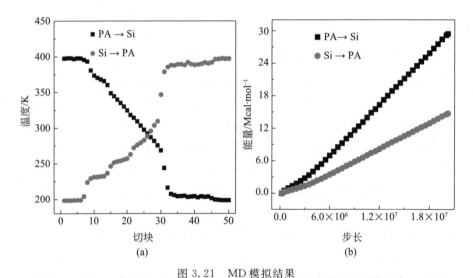

图 3.21 MD 模拟结果
(a) PA/Si 体材料温度分布;(b) 从高温热浴移入的能量积分曲线

对于纳米结构,PA、Si 热导率的温度和空间依赖性不仅不是 PA/Si 纳米线界面产生热整流现象的原因,反而会抑制热整流效应。如果没有热导率的温度依赖性,实验观测到的 PA/Si 纳米线界面热整流系数将会更高。对此,通过剔除热导率的温度变化,对 PA/Si 纳米线界面热整流系数进行修正。图 3.22 显示了 PA 和 Si 纳米线热导率随温度的变化情况，其中，PA 纳米线为 10nm，Si 纳米线为 6nm，直径均约为 1.5nm。结果显示，当温度从 200K 升至 400K 时，PA 纳米线热导率上升了 9%，而 Si 则下降了 20%。因此，如果把温度的影响剔除掉，热整流系数将会升高约 6%。

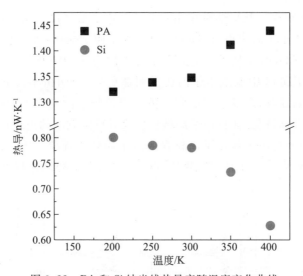

图 3.22 PA 和 Si 纳米线热导率随温度变化曲线

总体上，对于体材料，由于热导率的温度和空间依赖性，热流从 PA 流向 Si 时，热导率最大。而对于纳米结构，材料的热导率同样具有温度依赖性，却能得到完全相反的结论，其热整流机理需要更深入的分析。

3.2.4 PA/Si 纳米线界面热整流机理

PA/Si 纳米线界面和体材料界面具有完全不一样的整流机理。纳米结构有很强的边界效应，进而使声子受到横向纳米的约束。声子是晶体材料中，能量输运的主要载体，因此横向纳米约束能够直接影响材料的热物性。前人分析发现，横向纳米约束是众多由单一材料构成的纳米热整流器产生热整流现象的必要条件，如非对称石墨烯纳米带热整流器和非均匀纳米薄膜热整流器[65]。因此可以通过研究声子的性质来揭示热整流的内在机理。声子的态密度(DOS)是声子最重要、最基本的性质，既可以通过色散曲线得到，也可以通过对速度自相关函数进行傅里叶变换导出：

$$\text{VAF}(t) = \langle v(0) \cdot v(t) \rangle = \Big\langle \frac{1}{N} \sum_{i=1}^{} v_i(0) \cdot v_i(t) \Big\rangle \quad (3\text{-}32)$$

$$\text{DOS}(\omega) = \int e^{-i\omega t} \text{VAF}(t) \, dt \quad (3\text{-}33)$$

其中，$\text{VAF}(t)$ 为速度自相关函数，$v_i(t)$ 为第 i 个原子在 t 时刻的速度，ω 为声子的角频率。

图 3.23 显示了 PA 和 Si 中主要原子的声子态密度。由于同一种原子在不同位置的声子态密度有可能不一样，为了便于描述，将边界原子的声子态密度称为"EDOS"，内部原子的声子态密度称为"IDOS"。结果显示，相比于 IDOS，EDOS 中低频声子的比重明显更高，说明由于边界的影响，声子频率向低频迁移，即发生了红移现象。声子频谱的变化说明在 PA 和 Si 中产生了声子局域化，而且声子局域化现象对特定频率的声子比较显著，比如，本研究中低频声子就显示出较强的声子局域化现象。PA/Si 纳米线界面的热整流效应有可能是不同热流方向导致的声子局域化程度不一样，因此有必要研究声子的局域化情况。

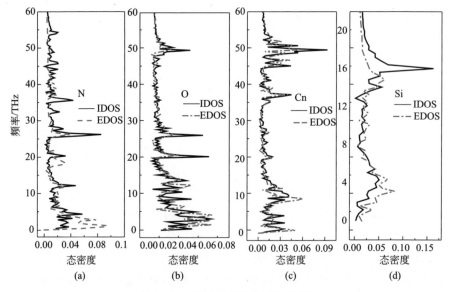

图 3.23　不同原子的声子态密度

(a) 氮原子(N)在边界和内部的声子态密度；(b) 氧原子(O)在边界和内部的声子态密度；(c) 酰胺基中的碳原子(Cn)在边界和内部的声子态密度；(d) 硅原子(Si)在边界和内部的声子态密度

可以通过声子空间分布定性的描述特定频率的声子局域化程度。第 i 个原子在频谱区间 Λ 的分布函数为

$$p_{\Lambda,i} = \frac{\int_{\Lambda} \mathrm{DOS}_i \, \mathrm{d}\omega}{\int_0^{\infty} \mathrm{DOS}_i \, \mathrm{d}\omega} \tag{3-34}$$

其中,p 为分布函数。考虑到 Si 是单原子晶体,结构简单且规则,所以通过显示 Si 的声子空间分布云图来反映 PA/Si 纳米线界面的声子局域化情况。体材料 Si 的声子态密度,峰值约为 16THz,因此频谱区间 Λ 设置为 15~17THz。图 3.24 分别显示了当施加 Si 至 PA 热流和 PA 至 Si 热流时 Si 纳米线的声子空间分布。图中有三点需要强调。第一,边界原子的 p 低于内部原子,说明边界处存在大量的局域化声子模式。第二,图 3.24(a) 中原子具有更高的 p,尤其是在界面处,说明当热流从 Si 流向 PA 时,声子局域化程度相对较弱。第三,内部区域的原子几乎不受影响,因此可以推断出界面附近的原子对热整流效应起主导作用。只有当界面影响显著时,也就是在纳米尺度下,上述现象才会发生。因此,又进一步证实了纳米尺度是界面热整流效应的必要条件。总的来说,在 PA/Si 纳米线界面处,不同方向的热流导致不同程度的声子局域化,进而产生热整流效应。当热流从 Si 流向 PA 时,声子局域化程度相对较低,所以对应的热导率更高。

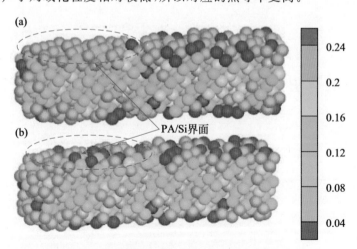

图 3.24 不同热流方向的 Si 纳米线声子空间分布
(a) Si 至 PA 热流;(b) PA 至 Si 热流

3.3　本章小结

首先,用实验方法研究了 PA/Si 纳米线界面的热整流效应。首次在实验中测得纳米线界面产生的热整流现象,结果显示当热流从 Si 流向 PA 时,热导率更高。实验中测得 2.7%~3.5% 的热整流系数大于实验测量误差(<1%),而且温度对热整流几乎没有影响。

然后,用分子动力学模拟进一步验证了实验结果。发现接触热阻(纳米线重叠长度)和热流密度(温度梯度)都能够影响热整流系数。接触热阻或热流密度升高,均能使热整流系数升高。此外,还发现 PA/Si 纳米线的热整流效应与其对应的体材料的热整流效应完全相反。对于 PA/Si 体材料,其热整流现象是由材料热导率的温度依赖性产生的,PA 的热导率随温度升高而升高,而 Si 的热导率随温度升高而降低,因此当 PA 置于高温端时整体的热导率更高。而对于 PA/Si 纳米线,上述影响不仅不会促进热整流现象的产生,反而会抑制,这是因为 PA/Si 纳米线界面产生热整流的机理是声子局域化。声子的局域化程度可以通过声子空间分布情况来定性分析。结果显示局域化的声子模式主要集中在边界附近,当热流从 PA 流向 Si 时,其局域化程度大于 Si 流向 PA 时,因此后者的热导率更大。

第4章 基于氢化石墨烯的纳米尺度热隐形

第3章研究了纳米尺度下由界面作用产生的热整流效应,首先从实验中观察到现象,再通过模拟揭示现象的本质。本章将基于氢化石墨烯界面,在纳米尺度下实现对热流的引导,使之绕过特定区域,产生热隐形现象,设计出热斗篷。本章还研究了影响热隐形效率的因素,如斗篷厚度、氢化浓度、氢排布方式、官能团质量等。最后基于热斗篷的思想,设计出与热斗篷功能相反的设备——集热器。

4.1 氢化石墨烯的热物性的研究

石墨烯虽然具有很高的热导率,但它是一个零带隙材料[155]。这个缺陷限制了它在微电子领域的发展,因此人们研究了很多方法使石墨烯的带隙可调,其中对石墨烯进行氢化处理是一种可有效实现带隙可调的方法[156-164]。同时,氢化石墨烯在其他方面也具有应用价值,比如热整流[160]、氢储存[161]等。对于热学研究者来说,氢化石墨烯最大的意义在于它具有可调节的热物性。正因为这个特点,本章将选用氢化石墨烯研究纳米尺度的热隐形。在此之前,有必要先了解氢化石墨烯的热物性,而目前的研究大部分集中在氢化浓度对热导率的影响上[156],很少关注氢排布方式对热导率的影响,为了弥补目前的不足,本节将研究氢分布方式对热导率的影响。

4.1.1 模拟方法

氢化石墨烯的原子相互作用:C—C 和 C—H,由 AIREBO 势能描述[165],它广泛用于研究碳氢材料的热物性中,表达式为

$$E_\mathrm{p} = \frac{1}{2}\sum_i\sum_{j\neq i}\left[E_{ij}^{\mathrm{REBO}} + E_{ij}^{\mathrm{LJ}} + \sum_{k\neq i,j}\sum_{l\neq i,j,k}E_{kijl}^{\mathrm{TORSION}}\right] \quad (4\text{-}1)$$

其中,E_p 表示总势能,右边第一项为 REBO 势能项,第二项为 LJ 势能项,第三项表示由四个相邻原子产生的扭转作用。此外,模拟其他含氧官能团

时,比如 C—O,C=O 和 O—H 键,使用修正的 OPLS 力场模型[150,151]。采用 NEMD 方法计算氢化石墨烯的热导率。NEMD 方法在第 2 章已经有了详细介绍,这里不再赘述。时间步长为 0.5fs,使用 Nosé-Hoove 热浴[147]进行温度控制,高、低温热浴分别为 350K 和 250K。系统首先在 NVT 系综中运行 50ps,然后在 NVE 系综中松弛 200ps,最后施加热浴,运行 2.5ns。

4.1.2 均匀分布方式的影响

首先比较了几种均匀分布方式对热导率的影响,氢化浓度均为 25%。图 4.1 给出了四种不同的均匀分布氢化石墨烯分布,其中三种为规则分布,一种为随机分布。其中三种规则分布利用数学关系式选择特定编号的碳原子进行氢化。类型 1 的氢化碳原子的数学关系式为 mod(I,8)=2 或 6,mod 为取余运算符号,I 为碳原子编号;类型 2 为 mod(I,8)=1 或 7;类型 3 为 mod(I,16)=0,2,5 或 10。

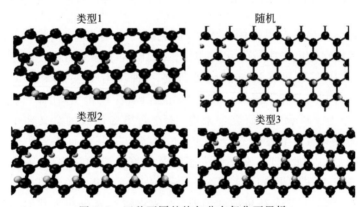

图 4.1 四种不同的均匀分布氢化石墨烯

图 4.2(a)和(b)显示了 NEMD 的模拟结果。图 4.2(a)表示从低温热浴中移出的能量随时间的积分,其斜率表示热流。图 4.2(b)表示几种氢化石墨烯的温度梯度,由图可知它们整体的平均温度梯度几乎一致,所以图 4.2(a)中的斜率可以表示热导率的大小,根据斜率,得到它们相对石墨烯的热导率比值,结果见表 4-1。发现类型 1 和类型 2 的结果相近,热导率较高,而随机分布的热导率最低,仅为石墨烯的 14.5%。几种氢化石墨烯热导率结果的最低值和最高值相差近两倍。因此,可以推断出氢分布方式对热导率的影响非常显著。

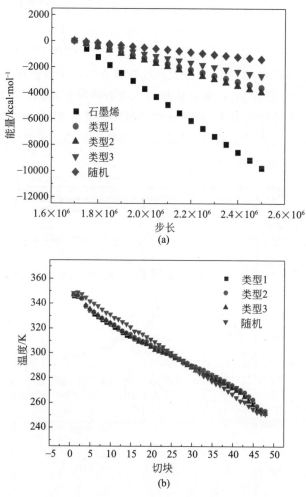

图 4.2 NEMD 模拟结果

（a）低温热浴移出的能量随时间的积分；（b）四种氢化石墨烯的温度分布

表 4-1 几种氢化石墨烯相对于石墨烯的热导率比值

石墨烯	类型 1	类型 2	类型 3	随机
100%	37.1%	40.1%	28.1%	14.5%

声子是晶体材料导热的主要能量载体，而声子态密度又是声子最重要的性质之一，所以可通过研究声子的态密度来揭示分布方式影响热导率的机理。需要指出的是，氢化石墨烯有两种碳原子，一种是 sp^2 碳原子，一种

是 sp^3 碳原子，分别计算 sp^2 和 sp^3 碳原子的态密度，结果如图 4.3 所示。图 4.3(a)显示了 sp^3 碳原子主要有两个峰值，即 45THz 和 85THz。峰值大小排序为：类型 1≈类型 2＞类型 3＞随机，这个顺序正好与其热导率大小对应。这是因为态密度的峰值衰减或红移表示声子群速度下降，而声子群速度与热导率正相关，因此峰值越低意味着热导率越低。而在 sp^2 的态密度中，类型 1 的峰值最大，随机分布的最低。类型 2 在 45THz 附近出现双峰值，因此相比类型 1，峰值显著降低。总体上来说，sp^3 碳原子的态密度更能直观地反映热导率的相对大小。

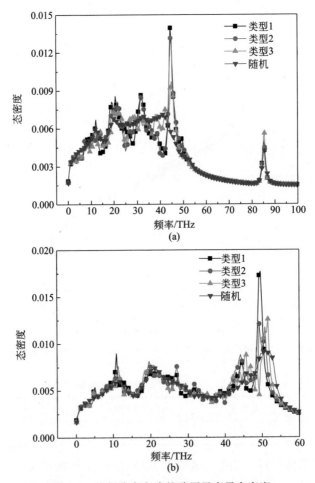

图 4.3 均匀分布方式的碳原子声子态密度

(a) 四种分布的 sp^3 碳原子态密度；(b) 四种分布的 sp^2 碳原子态密度

4.1.3 竖直和水平带状分布方式的影响

图 4.4 给出了三种不同的竖直带状分布方式的氢化石墨烯,其中氢化条带总宽度一致。三种类型分别记为 V1,V2 和 V3。模拟结果如图 4.5 所示。图 4.5(a)显示的温度分布呈阶梯状,这是因为条带区域的热导率显著低于其他区域,但是它们之间不存在温度跳跃,也就是说不存在界面热阻。图 4.5(b)表明,热导率的排序为:V1>V2>V3,它们相对于石墨烯热导率的比值分别为 0.558,0.514 和 0.488。说明条带数量对热导率也有影响。条带区域主要为 sp^3 碳原子。

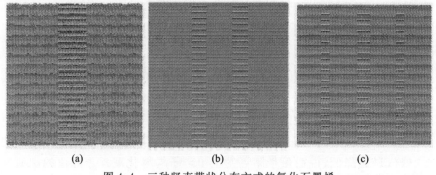

图 4.4 三种竖直带状分布方式的氢化石墨烯
(a) V1;(b) V2;(c) V3

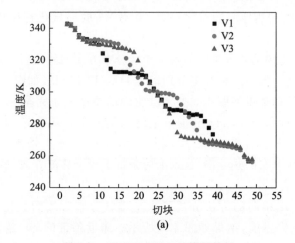

图 4.5 V1,V2 和 V3 的模拟结果
(a) 温度分布;(b) 低温热浴移出的能量随时间的积分

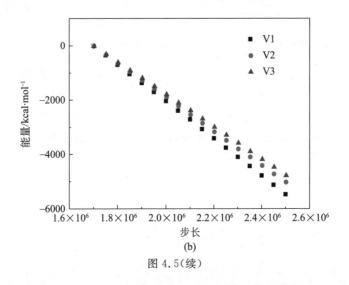

图 4.5(续)

条带数量的增加,说明与条带接触的 sp^2 碳原子增多,因此有可能导致热导率降低。所以,又进一步计算了远离条带与靠近条带的 sp^2 碳原子的态密度,如图 4.6 所示。图 4.6(a)给出了远离条带和靠近条带的 sp^2 碳原子态密度,可以看到它们的峰值位置都在 48THz 左右,但是靠近条带的 sp^2 峰值显著降低,说明条带附近发生了声子局域化现象。峰值的削弱导致热导率降低,因此图 4.6(b)给出了三种类型的 sp^2 碳原子平均态密度来显示它们声子局域化程度的强弱。图 4.6(b)显示出峰值大小的排序为:V1>V2>V3,和热导率的排序一致,说明 V3 的局域化程度最深,因此热导率更低。

此外,还比较了三种不同的水平带状分布方式的氢化石墨烯,其中氢化条带的总宽度一致。三种类型分别记为 H1,H2 和 H3,如图 4.7 所示。温度分布和热导率结果如图 4.8 所示。它们的温度分布完全一致,热导率大小的排序为:H1>H2>H3,但是它们之间的差距非常微弱,相对于石墨烯热导率的比值分别为 0.80,0.753 和 0.727。显然,水平带状分布的热导率大于竖直带状分布的热导率,这是因为条带平行于热流方向,显著地降低了对热流的影响。

然后,又用相同的方法分析了水平带状分布方式的氢化石墨烯内部 sp^2 碳原子的态密度,结果如图 4.9 所示。靠近条带的 sp^2 态密度峰值有所衰减,但是程度不及竖直带状分布,比较它们的平均态密度发现,三者之间的差距十分微弱,总体上的变化趋势与竖直带状分布一致。

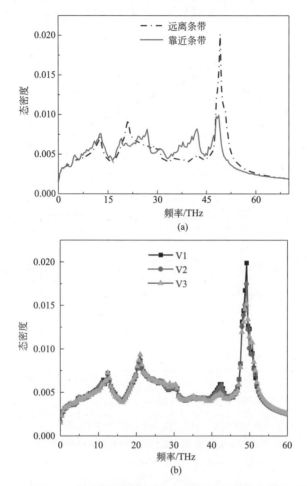

图 4.6 竖直带状分布方式的碳原子声子态密度

(a) 远离条带和靠近条带的 sp^2 碳原子态密度；(b) V1，V2 和 V3 的 sp^2 碳原子平均态密度

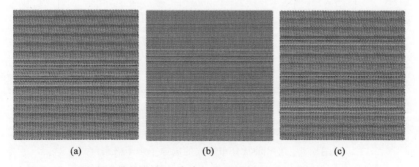

图 4.7 三种水平带状分布方式的氢化石墨烯：(a) H1；(b) H2；(c) H3

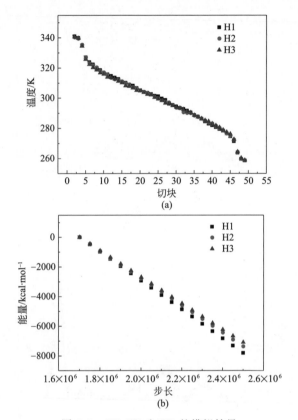

图 4.8 H1,H2 和 H3 的模拟结果
(a) 温度分布;(b) 低温热浴的移出能量随时间的积分

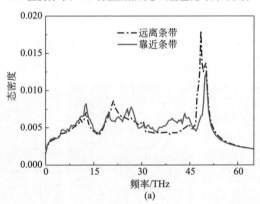

图 4.9 水平带状分布方式的碳原子声子态密度
(a) 远离条带和靠近条带的 sp^2 碳原子态密度;(b) H1,H2 和 H3 的 sp^2 碳原子平均态密度

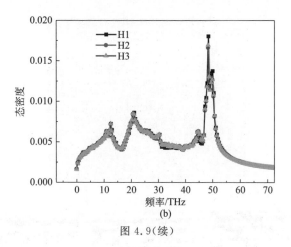

图 4.9(续)

4.2 氢化石墨烯的热隐形现象数值模拟

接下来借助氢化处理调节石墨烯热导率的原理设计热隐形斗篷。图 4.10 显示由化学官能团修饰的石墨烯构成的热斗篷示意图,图 4.10(b),(c)和(d)分别表示氢化石墨烯、羟基石墨烯和甲基石墨烯三种修饰手段,其中,氢化石墨烯斗篷是重点研究对象。需要强调的是,为了保持结构的稳定性,官能团均匀地分布在石墨烯的两面。中心区域为受保护区域,黄色区域为热斗篷。理想的状态是,中心区域的热流都转移到斗篷区域,因此中心区域热流越低,热隐形效率越高。值得注意的是,热隐形不同于热绝缘,后者会对整个系统产生影响。因此,热斗篷需要满足两个条件:第一,斗篷保护区域没有热流;第二,斗篷以外的区域热流分布不受影响。

采用 NEMD 方法研究氢化石墨烯内部热流分布。x 方向为固定边界,其余为自由边界。每个原子的微观热流的计算式为

$$J_i = E_i v_i - S_i v_i \tag{4-2}$$

其中,J_i 为 i 原子产生的热流,E 为原子总能量,v 为速度矢量,S 为每个原子的应力张量矩阵,它含有九个元素:

$$S = \begin{bmatrix} S_{xx} & S_{xy} & S_{xz} \\ S_{yx} & S_{yy} & S_{yz} \\ S_{zx} & S_{zy} & S_{zz} \end{bmatrix} \tag{4-3}$$

上式是一个对称矩阵。所以三个方向的热流分别为

$$J_x = E v_x - (S_{xx} v_x + S_{xy} v_y + S_{xz} v_z) \tag{4-4}$$

$$J_y = E v_y - (S_{yx} v_x + S_{yy} v_y + S_{yz} v_z) \tag{4-5}$$

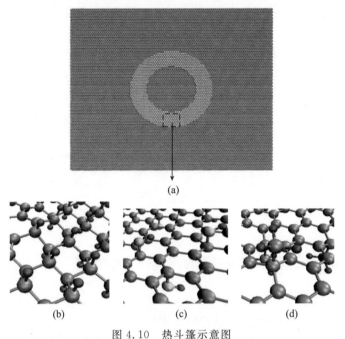

图 4.10 热斗篷示意图

(a) 热斗篷示意图；(b) 氢化斗篷；(c) 羟基斗篷；(d) 甲基斗篷

$$J_z = Ev_z - (S_{zx}v_x + S_{zy}v_y + S_{zz}v_z) \tag{4-6}$$

时间步长设定为 0.5fs。系统首先在 NVT 系综运行 250ps，然后在 NVE 系综松弛 250ps，最后采用 NEMD 方法，运行 5ns，在此期间统计每个原子的热流。系统的尺寸是 24.5nm×21.2nm，斗篷区域是直径为 6nm 的圆。高温热浴为 350K，低温热浴为 250K，系统平均温度为 300K。

4.2.1 几种不同的热隐形效果对比

首先，设计出一个厚度为 1nm 的氢化斗篷，为了更好地阐述氢化斗篷的优势，又考虑了几种特殊情况作为参照，即石墨烯、带缺陷石墨烯和空心石墨烯。对于带缺陷石墨烯，斗篷区域由均匀分布的缺陷构成，而对于空心石墨烯，中心区域被完全移除。图 4.11 显示了几种情况下，热浴能量的变化曲线，其斜率代表热导率大小。所以，缺陷石墨烯相对石墨烯的热导率为 82.9%，相对空心石墨烯的热导率为 75.4%，相对氢化石墨烯的热导率为 80.1%。因此，斗篷的引入不仅会改变结构，也会使热导率降低。从结构和热物性两方面考虑，氢化石墨烯对系统的综合影响最小。

第4章 基于氢化石墨烯的纳米尺度热隐形

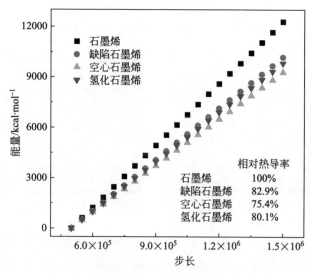

图 4.11 高温热浴的移入能量随时间的积分

图 4.12 显示了几种情况的温度分布云图。为了更好地显示温度分布,每个原子的温度由 20 万步平均得到。总体上,纳米材料的温度分布不如体材料的规则,其等温线不明显,但是依然可以看出温度由高到低的变化趋势。图中可以得出三个结论:第一,对于带缺陷的石墨烯,其斗篷区域的轮廓比较微弱,中心区域的温度分布相对均匀,呈现出热隐形现象。第二,对于氢化斗篷,其斗篷区域的轮廓比缺陷石墨烯更加显著,而且内部温度分布更加均匀,说明它的热隐形效果更好。第三,空心石墨烯类似于热绝缘,所以整体的温度分布受到显著影响,这不符合热斗篷的要求。

相比于温度分布,热流分布更能直观地反映热隐形的效果,图 4.13 显示了几种情况的热流分布云图。每个原子的热流由 20 万步的结果平均得到。如图 4.13(b)所示,需要重点关注两个区域,图中分别标记为 A 和 B。B 区域为热斗篷保护区域,其热流最低,A 区域为非保护区域,热流相对较高。有几点需要注意:第一,石墨烯的热流分布非常均匀,热流方向平行于温度梯度方向。第二,对于带缺陷的石墨烯,B 区域热流显著低于 A 区域,说明存在热隐形现象。但是,A 区域的热流受到斗篷影响,呈现出不均匀的状态。而对于一个理想的斗篷,应尽可能地减少对其他区域热流的影响。第三,对于空心石墨烯,A 区域的热流显著高于其他区域的热流,但是靠近圆环区域的热流大大降低,未能实现热隐形的效果。最后,对于氢化石墨

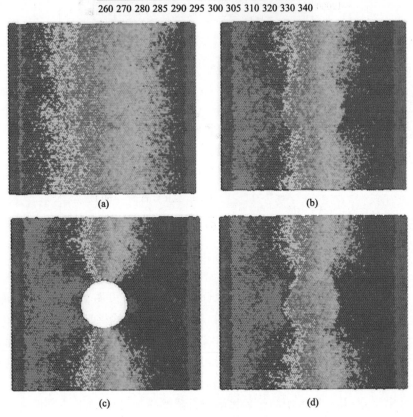

图 4.12 四种结构的温度分布
(a) 石墨烯温度分布;(b) 缺陷石墨烯温度分布;
(c) 空心石墨烯温度分布;(d) 氢化石墨烯温度分布

烯,整体的热流方向平行于温度梯度方向,相比图 4.13(b),图 4.13(d)的中心区域热流更低,说明热隐形效果更好。此外,氢化斗篷对 A 区域热流影响相对较小,是几种方案中最优的。

这里,定义热隐形效率参数(ratio of thermal cloaking,RTC)为

$$\eta_{TC} = \left| \frac{HF_A}{HF_B} \right| \tag{4-7}$$

其中,HF_A 和 HF_B 为 A,B 两区域的平均热流,η_{TC} 为热隐形效率(RTC)。η_{TC} 越大说明热隐形效果越好,$\eta_{TC}=1$ 代表不存在热隐形。表 4-2 给出了几种方案的 RTC 值,结果显示氢化石墨烯的 RTC 比缺陷石墨烯的高 65%。

第 4 章 基于氢化石墨烯的纳米尺度热隐形

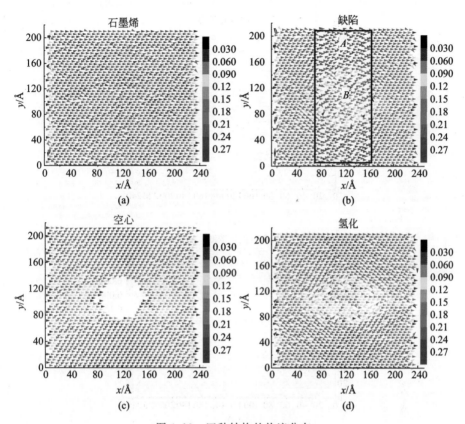

图 4.13 四种结构的热流分布

(a) 石墨烯热流分布；(b) 缺陷石墨烯热流分布；(c) 空心石墨烯热流分布；(d) 氢化石墨烯热流分布

表 4-2 石墨烯、缺陷石墨烯、氢化石墨烯的 RTC

	石墨烯	缺陷石墨烯	氢化石墨烯
η_{TC}	1.00	1.43	2.36

4.2.2 氢化浓度、斗篷厚度和氢分布方式的影响

本节研究影响氢化石墨烯热隐形效率的因素。主要有三种：氢化浓度、斗篷厚度和氢分布方式。100% 的氢化石墨烯又称为石墨烷[166]，但是纯石墨烷并不存在，因此有必要研究氢化浓度的影响。所以，先比较不同氢化浓度的斗篷热流分布。图 4.14 分别显示了 12.5%、25% 和 100% 氢化浓度的斗篷热流分布云图。图中显示中心区域箭头呈橙色或灰色，而其他区域呈

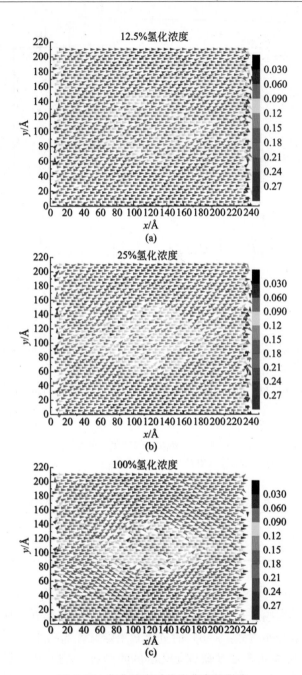

图 4.14 氢化浓度对热流分布的影响

(a) 12.5%氢化石墨烯热流分布；(b) 25%氢化石墨烯热流分布；(c) 100%氢化石墨烯热流分布

红色或蓝色,说明中心区域热流显著低于其他区域。图4.14(a)中主要为橙色箭头,图4.14(b)中灰色箭头增多,而图4.14(c)中灰色箭头最多。灰色箭头代表热流最低,可以看出热隐形效果随着氢化浓度的增加而增加。进一步计算得到12.5%,25%和100%氢化浓度的斗篷对应的RTC分别为1.47,1.8和2.5,所以RTC随浓度增加而增加,与前文的分析吻合。

热斗篷厚度的影响如图4.15所示,斗篷厚度分别设为0.5nm,1nm,1.5nm和2nm。图中需要强调三点:第一,图4.15(a)~图4.15(d)中,都有明显的热隐形现象,即中心区域热流显著低于其他区域。第二,从图4.15(a)~图4.15(c),中心区域的灰色箭头数量逐渐增加,说明热隐形效果逐渐提升。第三,图4.15(d)中的橙色箭头比图4.15(c)中多,说明热流有所回升,此时,热隐形效果随斗篷厚度增加而降低。通过计算RTC发现,三种氢化浓度下

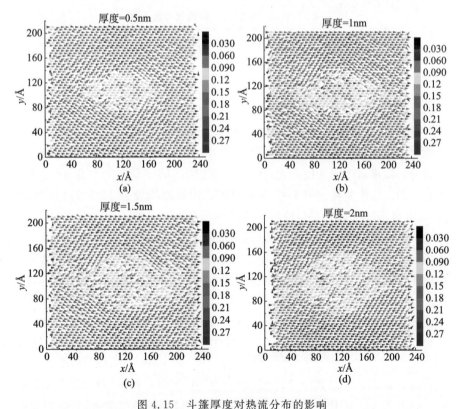

图4.15 斗篷厚度对热流分布的影响
(a) 0.5nm 热斗篷热流分布;(b) 1nm 热斗篷热流分布;(c) 1.5nm 热斗篷热流分布;
(d) 2nm 热斗篷热流分布

的 RTC 分别为 1.98,2.40,2.2 和 2.09,即 RTC 随厚度先增加后降低。这是因为热斗篷对中心区域有两方面的影响。一方面,厚度增加,阻碍热流进入中心区域。另一方面,厚度增加,氢化区域增加,氢化区域热流显著降低,而中心区域由于未被氢化,反而分担了氢化区域的热流,因此中心区域的热流又增加。因此斗篷的厚度存在一个最优值,它与系统的尺寸参数有关。

4.1 节分析了氢分布方式对氢化石墨烯热导率的影响,发现热导率结果的最低值和最高值相差近两倍,因此这里再次研究了氢分布方式对热隐形效果的影响。斗篷区域的氢化浓度为 25%,分布方式采用图 4.1 中的类型 1,类型 2 和类型 3。RTC 结果见表 4-3,即类型 2<类型 1<类型 3,最大值比最小值高 56%,排序与热导率的排序正好相反,所以热导率越低,对应的热隐形效果越好。因此氢分布方式对热隐形效率也有显著影响。

表 4-3 不同氢分布方式的氢化斗篷 RTC

	类型 1	类型 2	类型 3
η_{TC}	1.78	1.65	2.57

4.2.3 热隐形效果强化

除了氢化,也可以用其他化学官能团构成热斗篷,比如甲基、羟基。它们的相对原子质量大大高于氢原子,分别为 15 和 17,因此可能带来热隐形效率的提升。如果官能团浓度太大,大质量官能团之间容易产生干涉,所以浓度不宜太高。将甲基斗篷和羟基斗篷的官能团浓度均设为 12.5% 进行尝试,图 4.16 显示了甲基斗篷和羟基斗篷的热流分布。虽然浓度只有 12.5%,但两者中心区域的热流均大大降低,尤其是羟基斗篷。羟基斗篷中心区域的灰色箭头多于甲基斗篷,说明羟基斗篷的热隐形效果更好。计算得到甲基斗篷和羟基斗篷的 RTC 分别为 1.714 和 2.36,而相同浓度的氢化斗篷仅为 1.47,RTC 分别提升了 16.5% 和 60.5%,尤其是 12.5%羟基斗篷甚至与 100%氢化斗篷热隐形效率相当。总体上看,随着官能团质量增加,热隐形效率增加。

4.2.4 热隐形现象的机理分析

没有缺陷的石墨烯中只存在 sp^2 碳原子,而引入官能团后,部分 sp^2 碳原子转变为 sp^3 碳原子。前人研究氢化石墨烯热物性时发现,氢化石墨烯热导率降低的原因是碳碳键由 sp^2 向 sp^3 过渡导致石墨烯 G-band 峰值衰减[156],从而使热导率降低。基于以上发现,通过研究热斗篷中 sp^2 和 sp^3

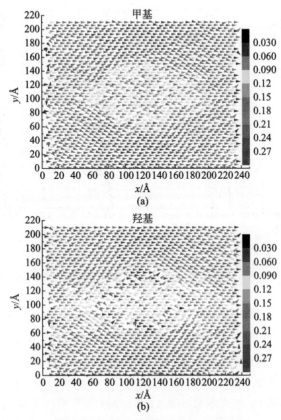

图 4.16 官能团对热流分布的影响
(a) 甲基斗篷的热流分布；(b) 羟基斗篷的热流分布

碳原子的态密度来揭示热隐形机理。图 4.17 显示了几种类型的碳原子的态密度，图 4.17(a)~(d)分别为常规 sp^2 碳原子、界面附近的 sp^2 碳原子、常规 sp^3 碳原子和界面附近的 sp^3 碳原子。从图 4.17(a)中可以看出在 48THz 附近存在最高值，即 G-band，而在边界附近的 sp^2 碳原子的 G-band 则被大大削弱，并在低频区域出现几个小峰值，说明边界附近的 sp^2 碳原子发生了声子局域化现象。图 4.17(c)和(d)为 sp^3 碳原子的态密度，图 4.17(d) 相对于图 4.17(c)的峰值向低频区域略微偏移，但是没有图 4.17(b)的趋势明显，说明 sp^3 碳原子发生声子局域化的程度不及 sp^2 碳原子。因此，sp^2 碳原子是重点关注对象。

由于 sp^2 碳原子态密度在边界附近变化剧烈，因此又进一步研究了

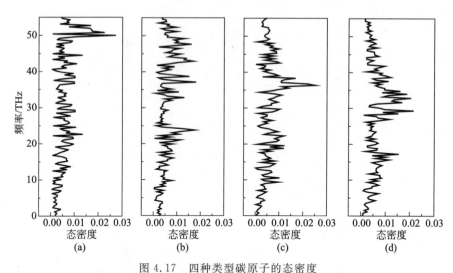

图 4.17 四种类型碳原子的态密度

(a) 常规 sp^2 碳原子；(b) 界面附近的 sp^2 碳原子；(c) 常规 sp^3 碳原子；(d) 界面附近的 sp^3 碳原子

sp^2 碳原子声子局域化情况。鉴于 sp^2 的主峰位于 48THz 处,选取了 46～50THz 的声子作为研究对象,计算它们的空间分布函数,结果显示在图 4.18。图 4.18(a) 和 (b) 分别表示 12.5% 浓度的氢化斗篷和羟基斗篷的声子空间分布云图。图中有几点需要说明。第一,在 sp^3 和 sp^2 的界面附近出现蓝色小球,蓝色表示分布函数很低,越低说明声子局域化程度越高。第二,对比图 4.18(a) 和 (b) 发现,羟基斗篷界面区域的蓝色小球明显比氢化斗篷的多,说明羟基斗篷的声子局域化程度更深。这是因为羟基的相对原子质量远大于氢原子,所以它对 sp^2 和 sp^3 碳原子的影响更胜于氢原子。第三,顶端和底端的原子分布函数相对较低,因为此区域的热流最高,表明原子间的相互作用更强,因此声子局域化程度相对较强。

为了进一步量化各种斗篷的声子局域化程度,表 4-4 给出了几种斗篷的高频声子(46～50THz)的比重,作为参照,还列出了石墨烯的数值。结果发现,对于石墨烯,46～50THz 的声子比重可达约 30%,而经过化学修饰的热斗篷,该区间声子比重均有不同程度的下降,下降越多,说明声子局域化程度越深。首先,随着氢化浓度上升,局域化程度上升。此外,随着官能团相对原子质量上升,局域化程度也上升。表 4-4 的结果与之前的分析结果吻合得很好,说明声子局域化程度的强弱也可以反映热隐形效率的优劣。局域化程度越高,热斗篷的热隐形效率越高。

第4章 基于氢化石墨烯的纳米尺度热隐形　　87

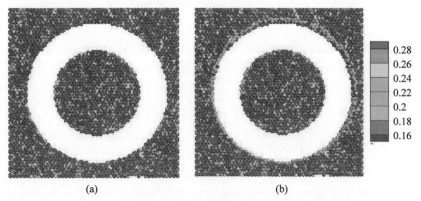

图 4.18　声子空间分布云图

(a) 12.5%氢化斗篷的声子空间分布；(b) 12.5%的羟基斗篷的声子空间分布

表 4-4　sp^2 碳原子的声子(46～50THz)比重

100%H	25%H	12.5%H	12.5%OH	12.5%CH$_3$	石墨烯
13.7%	15.9%	17.8%	14.1%	16.1%	29.1%

4.3　热汇聚

在石墨烯上,利用化学官能团修饰碳原子,绕着特定区域构成一个圆环,这样能使热流绕过该区域,这就是热斗篷的思想。如果把圆环变成发散式的通道,就有可能使更多的热流流入该区域,即实现热汇聚,基于这样的构思,进一步提出集热器的设计方案,如图 4.19 所示。图中的带状区

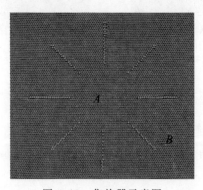

图 4.19　集热器示意图

域称为叶片,区域 A 和 B 分别为集热区域和非集热区域,集热器的效率定义与热斗篷类似,即 A、B 两区域的热流比值,集热效率 η_c 为

$$\eta_c = \left| \frac{\mathrm{HF}_A}{\mathrm{HF}_B} \right| \tag{4-8}$$

其中,η_c 越高集热效果越好。影响集热效率的因素主要有叶片厚度、叶片长度和叶片数量。下面将依次分析这几方面的影响。

4.3.1 叶片厚度的影响

首先分析叶片厚度的影响,图 4.20 显示了两种具有不同厚度的集热器,两者均有 8 片扇叶,长度为 5nm。它们的厚度通过氢原子数量反映。图 4.20(a)有 338 个氢原子,而图 4.20(b)具有 498 个氢原子,厚度上升了近 50%。热流分布结果显示在图 4.21 中。图中有两点需要指出。第一,中心区域箭头呈红色,说明其热流高于其他区域,因此该方案能够实现热流的汇聚。第二,图 4.21(b)相对于图 4.21(a),热流并没有显著提升。计算它们的效率得到图 4.21(a)和(b)分别为 1.25 和 1.26,效率仅仅提高 0.9%。所以提高叶片厚度并无实际意义,其对效率的影响十分微弱。

图 4.20　不同厚度的集热器示意图
(a) 具有 338 个氢原子;(b) 具有 498 个氢原子

4.3.2 叶片长度的影响

其次,又研究了叶片长度的影响。这里,研究了三种长度集热器的集热效果,叶长分别为 3nm,4nm 和 5nm,热流分布如图 4.22 所示,叶片长度为 5nm 的结果已在图 4.21(a)中给出。图 4.22(a)中显示中心区域热流较高,

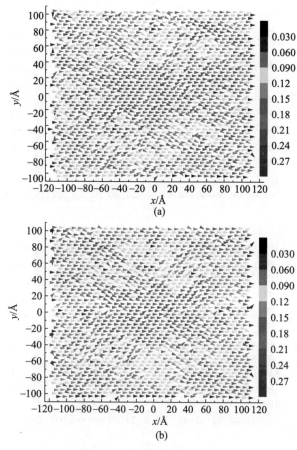

图 4.21 集热器的热流分布
(a) 具有 338 个氢原子；(b) 具有 498 个氢原子

但是其轮廓不明显,说明集热效果比较微弱。随着叶片长度增加,热流分布的中心区域红色箭头逐渐增多,轮廓也更加明显,说明集热效果增强。计算得到它们的集热效率分别为 1.086、1.196 和 1.249。结果显示集热效率随着叶片长度的增加而单调增加,因此认为增加叶片长度可以改善集热效率。

4.3.3 叶片数量的影响

最后研究了叶片数量的影响。图 4.23 显示了具有 8 片、10 片和 12 片

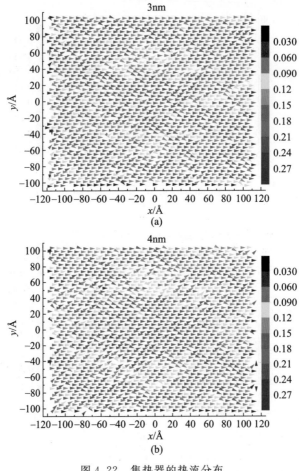

图 4.22 集热器的热流分布

叶片长度为(a) 3nm；(b) 4nm

叶片的集热器示意图，它们的叶片长度、厚度一致。图 4.24 显示了几种集热器的热流分布，有两点需要注意。第一，中心区域的热流均相对较高，集热效果明显。第二，图 4.23(b) 和 (c) 比较发现，图 4.23(c) 的集热效果相比于图 4.23(b) 更差，说明随着叶片增加，集热效果反而降低。计算得到三种集热器的集热效率分别为 1.25，1.316 和 1.28。说明集热效率随着叶片增加并非单调增加，而是先增大后减小。这是因为随着叶片数量增加，集热器渐渐地向热斗篷转变，此时的叶片反而阻碍了热流流入中心区域，因此集热效率下降。

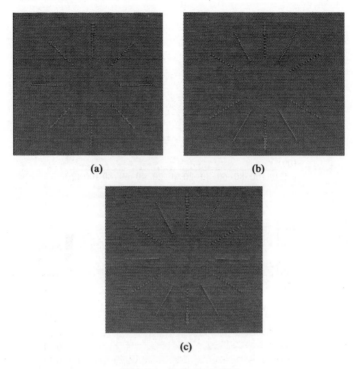

图 4.23 集热器示意图
(a) 8 片叶片;(b) 10 片叶片;(c) 12 片叶片

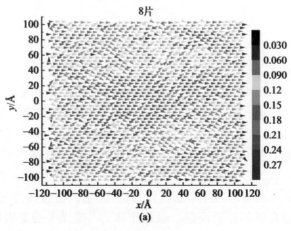

图 4.24 集热器的热流分布
(a) 8 片叶片;(b) 10 片叶片;(c) 12 片叶片

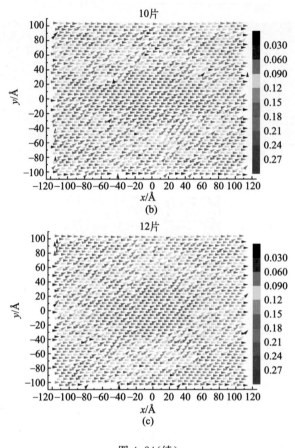

图 4.24(续)

4.4 本章小结

本章基于氢化石墨烯界面,设计出纳米热斗篷,在纳米尺度下实现了对热流的引导,使之绕过特定区域,产生热隐形现象。与纳米尺度下不同,宏观尺度下则基于坐标变换实现热隐形,而该方法对纳米结构不适用。

首先,用 NEMD 方法研究了氢化石墨烯的热物性,关注氢分布方式对热导率的影响。对于均匀分布的氢化石墨烯,不同的排布方式导致的热导率最低值和最高值相差近两倍。通过计算 sp^3 碳原子的态密度发现,热导率越低,对应的态密度峰值衰减越显著。对于**竖直带状**和**水平带状**分布,在相同总带宽的前提下,条带数量越多,热导率衰减越多,尤其是竖直带状分布。这是因为条带数量增多,产生的局域化 sp^2 碳原子增多,热导率降低。

然后,研究了氢化斗篷的热隐形效果和机理。分析影响热隐形效率的因素,如斗篷厚度、氢化浓度、氢排布方式、官能团质量等因素。结果发现氢化浓度增加,热隐形效率增加;而斗篷厚度的影响则呈现非单调性,热隐形效率在特定厚度下达到极大值。这是因为斗篷厚度的增加,既降低内部热流,又降低外部热流,当后者衰减程度更显著时,热隐形效率就会下降。氢排布方式对热隐形效率的影响,与对热导率的影响完全相反,热导率越低的排布方式热隐形效率越高。增加官能团质量也能够改善热隐形效率。热隐形的机理是由于碳碳键由 sp^2 向 sp^3 过渡导致石墨烯 G-band 峰值衰减,阻碍了热流流入中心区域,而且声子局域化程度可以反映热隐形效果的优劣。声子局域化程度越显著,热隐形效果越好。

最后延伸热斗篷的设计思想,设计出能够汇聚热流的集热器。集热器由长条状的叶片构成。叶片厚度对集热效果影响很小;叶片长度增加集热效果也增加;叶片数量增加,叶片效率先增大后减小。这是因为叶片增加到一定程度后,集热器渐渐转变为热斗篷,反而起阻碍作用。

第 5 章 固/液界面导热增强的分子动力学模拟

第 4 章研究了利用氢化石墨烯界面实现的热隐形和热汇聚现象,即利用界面构造特定的热流通道,实现对热流的引导。界面的存在将不可避免地带来界面热阻,前人已经在这方面做了大量的工作。但是界面存在的同时也会改变界面附近的原子结构。本章将另辟蹊径,以固/液界面为研究对象,研究界面导致的结构变化对导热的影响,主要从原子能量、态密度、数密度分布、热流等方面展开讨论,并分析影响界面导热性能的参数。

5.1 Ar/Au 界面导热增强分析

选用液态 Ar 和金属 Au 作为研究对象。它们都是单原子结构,势能模型成熟可靠,模拟比较方便,又能够很好地反映出固液界面的性质变化。通过 EMD 方法模拟 Ar/Au 界面特性,研究界面附近的能量、弛豫时间、态密度、热导率等方面的变化。

5.1.1 模拟方法

Au 势能模型采用 Daw 等[167,168]提出的嵌入原子法(embedded atom method,EAM)。EAM 模型主要由两部分组成,一部分是原子镶嵌在电子云背景中的嵌入能,它是一个多体势函数;第二部分为处于晶格点阵上的原子之间的相互作用,用二体势函数描述。具体描述如下:

$$E_p = \sum_i F_i(\rho_{h,i}) + \frac{1}{2}\sum_i \sum_{j \neq i} \varphi_{ij}(r_{ij}) \quad (5-1)$$

其中,E_p 表示所有原子的总势能,右边第一项为嵌入能,第二项为对势项。对于嵌入能函数 F 为

$$F(\rho) = -F_0\left[1 - n\ln\left(\frac{\rho}{\rho_0}\right)\right]\left(\frac{\rho}{\rho_0}\right)^n \quad (5-2)$$

其中,F_0 和 ρ_0 为拟合参数,ρ 为电子云分布密度,$\rho_{h,i}$ 表示除去 i 以外其他

所有原子的核外电子在原子 i 处产生的电子云密度之和：

$$\rho_{h,i} = \sum_{i \neq j} f_j(\pmb{r}_{ij}) \tag{5-3}$$

其中，f_j 表示第 j 个原子的核外电子在原子 i 处产生的电子云密度分布函数。电子云密度分布函数为

$$f(r_{ij}) = f_e \exp\left[-\gamma\left(\frac{r_{ij}}{r_e} - 1\right)\right] \tag{5-4}$$

其中，f_e, r_e, γ 为拟合参数。对势项 φ 表达式为

$$\varphi(\pmb{r}_{ij}) = \varphi_e \exp\left[-\beta\left(\frac{r}{r_e} - 1\right)\right] \tag{5-5}$$

其中，φ_e 为拟合参数。具体参数参照文献[168]。Ar/Ar 和 Ar/Au 界面采用 LJ 势能，表 5-1 给出了 Ar 和 Au 的 LJ 势能参数。

表 5-1　Ar 和 Au 的 LJ 势能参数

	Ar/Ar	Ar/Au
ε/eV	0.01025	0.0685
σ/nm	0.34	0.298

考虑到如果施加温度梯度可能带来对流换热，从而影响模拟结果。因此采用 EMD 方法模拟 Ar/Au 界面特性，并且利用 Green-Kubo 公式计算热导率。该方法已经在第 2 章用于计算石墨烯纳米带热导率，所以这里不再介绍。时间步长为 0.5fs，使用 Nosé-Hoove 热浴[147]进行温度控制，系统温度为 100K。首先在 NVT 下运行 50 万步，之后改为 NVE 系综运行 100 万步。

图 5.1 显示了 Ar/Au 界面的模拟示意图。上、下两侧为 Au 基底，厚度均为 0.6nm，长和宽分别为 6nm 和 4.8nm，共有 2880 个 Au 原子。最外面两层 Au 原子在 y 方向采用固定边界条件，厚度约为 0.2nm，x 和 z 为周期性边界条件。Ar 原子系统尺寸为 6nm×6nm×4.8nm，共有 3200 个 Ar 原子。系统达到稳态后，输出原子位形参数，提取出最靠近基底 Au 的 Ar 原子位置坐标，其结构如图 5.2 所示。图 5.2(a)和(b)分别为液态 Ar 界面附近的原子结构俯视图和侧视图。结果显示，靠近基底的 Ar 原子呈现出非常规则的类晶体结构，与流体区域的原子结构有显著的不同。接下来，将从多个方面分析界面附近 Ar 原子的性质变化。

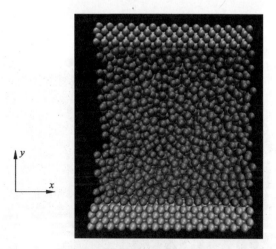

图 5.1　Ar/Au 界面模拟示意图

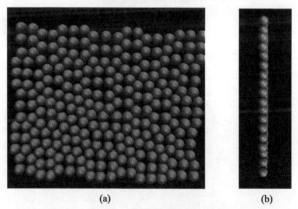

图 5.2　液态 Ar 界面附近的原子结构
(a) 俯视图；(b) 侧视图

5.1.2　能量分布情况

首先研究界面附近 Ar 原子能量变化情况，结果如图 5.3 所示。总能量分布云图显示界面附近的 Ar 原子能量显著低于中间区域的 Ar 原子。界面附近约两层厚的 Ar 原子能量与其他原子的能量有显著区别，说明主要是这两层原子呈现类晶体状态，其余区域呈流体状态。

为了解释这种能量分布，又分别计算了动能和势能分布，如图 5.4 所示。动能分布云图显示动能分布均匀，近壁面原子与中心区域原子的动能无显著差别，这是因为系统达到热平衡，各个原子的温度保持一致。由于动

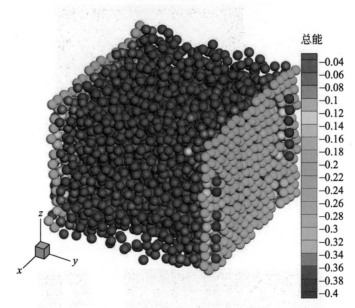

图 5.3 Ar 原子总能量分布云图

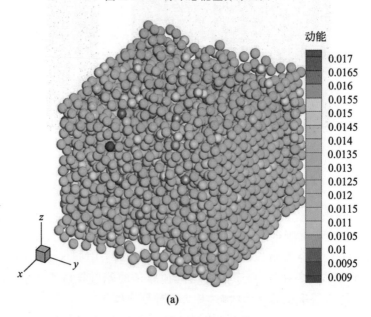

(a)

图 5.4 Ar 原子能量分布云图
(a) 动能；(b) 势能

第 5 章　固/液界面导热增强的分子动力学模拟

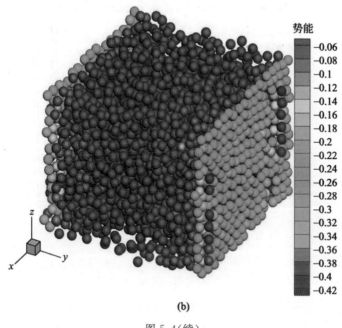

(b)

图 5.4(续)

能区别不大,所以势能的分布云图和总能的一致,即靠近壁面附近原子的势能低于中心区域的势能。由式(5-6)可知,LJ 势能由两部分组成:斥力项和引力项,其中的十二次方项为斥力项,六次方项为引力项。由于界面附近的 Ar 原子与 Au 原子的相互作用主要以引力项为主,而引力项为负值,所以近壁面的 Ar 原子的势能远低于中心区域 Ar 原子的势能。

$$V_{\mathrm{LJ}} = 4\varepsilon_{ij}\left[\left(\frac{\sigma_{ij}}{r_{ij}}\right)^{12} - \left(\frac{\sigma_{ij}}{r_{ij}}\right)^{6}\right] \tag{5-6}$$

5.1.3　原子数密度和声子态密度

原子数密度分布能更直观地看出结构变化。图 5.5 显示了 Ar 原子的数密度分布情况。y 方向高为 6nm,沿 y 方向切成 60 块小区域。图中有两点需要说明:第一,中心区域分布非常均匀,没有间断,说明呈现流体状态。第二,两边的原子数密度变化剧烈,离 Au 壁面约 0.2nm 处的原子数密度最大,然后振荡衰减至平均水平。由于两边呈现类晶体状态,数密度分布比较离散,相邻两晶体层相距约 0.2nm。

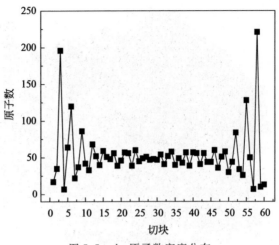

图 5.5 Ar 原子数密度分布

  流体中的导热粒子就是原子本身,导热机理是原子的相互碰撞。在晶体中,原子间无法相互碰撞,主要通过晶格振动传递能量(金属晶体中还有自由电子,这里不做讨论),而晶格振动量子化的能量即为声子,因此声子是晶体材料的导热粒子。流体和晶体最本质的区别就是有、无声子,下面计算 Ar 原子的声子态密度。声子态密度由速度自相关函数的傅里叶变换得到,结果显示在图 5.6 中。图 5.6(a)显示了各处 Ar 原子的声子态密度,主要有三种:远离界面、靠近界面和紧挨界面,分别记为原子 1、原子 2 和原子 3。此处有三点需要强调:第一,原子 1 的峰值在 0 处,此结果正好反映出流体中几乎没有声子。第二,离界面越近,Ar 原子的态密度渐渐向高频迁移,即发生"蓝移"。这里所谓的"高频"是相对于 0 而言的,实际上 2THz 的频率对晶体材料中的声子来说属于低频声子。声子频谱出现"蓝移"现象,说明越来越多的声子态被激发出来,原子结构从流体状态向晶体状态转变。第三,原子 3 的态密度峰值比原子 2 高很多,说明又有更多的高频声子被激发出来,即该层原子晶体化程度更深。图 5.5(b)显示了原子 3 在 x,y,z 三个方向的声子态密度情况。结果显示,x 方向和 z 方向峰值一致,而 y 方向,也就是垂直于壁面方向,态密度峰值有所衰减。说明 x 和 z 方向振动情况一致,而 y 方向则由于 Au 和 Ar 的相互作用导致振动受限。

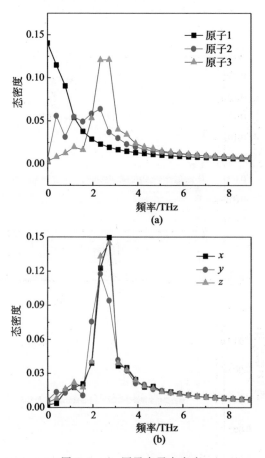

图 5.6 Ar 原子声子态密度
(a) 三种典型位置 Ar 原子的声子态密度；(b) 原子 3 在 x、y、z 三个方向的声子态密度

5.1.4 热导率

采用 EMD 方法计算热导率，计算公式为 Green-Kubo 公式，可以计算各向异性的热导率[169,170]。首先，图 5.7 给出了近壁面 Ar 原子和中心区域 Ar 原子的热流自相关函数衰减曲线。图中有三点需要说明：第一，近壁面和原子的热流自相关函数振荡衰减至 0，而中心区域的 Ar 原子则十分平缓地衰减至 0。第二，衰减的快慢可以反映载热粒子的弛豫时间，图 5.7(a) 中显示 y 方向振荡最剧烈，而其他两个方向则迅速衰减至 0，说明近壁面 Ar 原子在 y 方向弛豫时间最大，具有各向异性。而且近壁面 Ar 原子的平均弛

豫时间低于中心区域 Ar 原子。第三,中心区域 Ar 原子的热流自相关函数平缓衰减至 0,各个方向完全一致,说明具有各向同性。

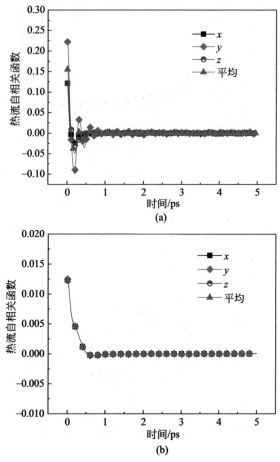

图 5.7　热流自相关函数衰减曲线:(a) 近壁面 Ar 原子;(b) 中心区域 Ar 原子

根据 Green-Kubo 公式,热流自相关函数的积分乘以特定的系数就可以得到热导率。这里,为了便于计算和描述,把直接积分得到的结果称为"约化热导率"。图 5.8 显示了两种不同位置的 Ar 原子约化热导率的计算结果。图 5.8(a) 显示近壁面 Ar 原子的热导率呈振荡收敛,x,y,z 三个方向的结果分别为 0.7,0.4,0.7,平均值约为 0.6。因此其热导率具有各向异性的特点,y 方向由于振动受限,热导率相对较低。图 5.8(b) 显示中心区域 Ar 原子的热流自相关函数平缓收敛至 0.4,而且三个方向几乎各向同性。总体上,界面附近一层的 Ar 原子相比于中心区域的 Ar 原子的平均热导率提高了约 50%。

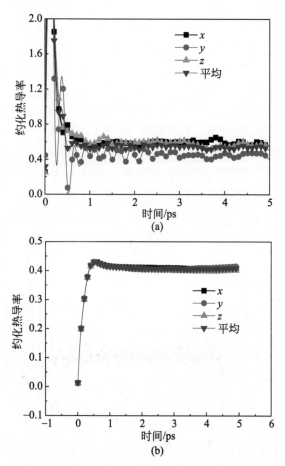

图 5.8 热流自相关函数积分得到的约化热导率:
(a) 近壁面 Ar 原子;(b) 中心区域 Ar 原子

5.2 界面势能参数对导热增强的影响

Ar,Au 界面原子的相互作用为 LJ 势能。因此,这部分将改变 LJ 势能参数,研究 LJ 参数对界面附近的 Ar 原子导热增强程度的影响。表 5-2 列出了四组 LJ 作用参数,分别标记为 1,2,3,4。用四组参数分别计算原子数密度分布、热流自相关函数衰减曲线、热导率,以及声子态密度。

表 5-2　Ar-Au 相互作用的 LJ 势能参数

	1	2	3	4
ε/eV	0.0685	0.0585	0.0385	0.0185
σ/nm	0.298	0.298	0.298	0.298

5.2.1　数密度分布

图 5.9 给出了四组参数下的原子数密度分布。中心区域分布连续、均匀，两端的分布则间断衰减。在底部区域（第 1 块附近），四组势能参数对应的分布为：第四组的数密度最少，而一、二、三组结果相近。而在顶部区域（第 60 块附近），分布层次分明，数密度大小依次为 1＞2＞3＞4，说明势能作用参数越强，界面附近吸引的 Ar 原子越多，数密度有所上升。

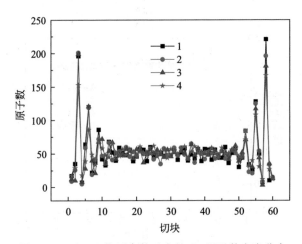

图 5.9　四组 LJ 作用参数对应的 Ar 原子数密度分布

5.2.2　热流自相关函数

图 5.10 显示了四组参数对应的近壁面 Ar 原子热流自相关函数衰减曲线，分别表示 x,y,z 三个方向。图中有四点需要说明：第一，x 和 z 方向衰减幅度基本一致，说明 x 和 z 方向性质相同，而 y 方向则振荡衰减至 0。第二，势能作用参数越强，曲线振荡幅度越大，这在 x,y,z 三个方向均有所体现，y 方向尤为突出。第三，x 和 z 方向的热流自相关函数约在 0.5ps 内可衰减至 0，而 y 方向的则在 1ps 后，说明 x 和 z 方向弛豫时间更低。第四，四组参数的衰减速度没有显著区别，说明它们的弛豫时间相近。

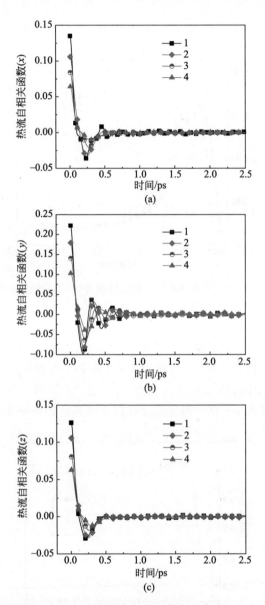

图 5.10 四组近壁面 Ar 原子的热流自相关函数衰减曲线：(a) x；(b) y；(c) z

5.2.3 声子态密度

图 5.11 显示了四组参数对应的近壁面 Ar 原子的平均声子态密度。四组声子态密度的峰值均在 2THz 附近，峰值大小排序为 1＞2＞3＞4。峰

值越大表明声子群速度越大,而声子群速度与热导率正相关,该结果表示第一组参数对应的近壁面 Ar 原子热导率最大。

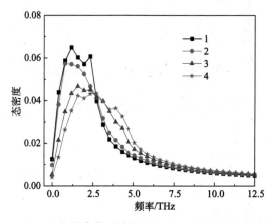

图 5.11 四组势能参数对应的近壁面 Ar 原子的声子态密度

5.2.4 热导率

中心区域的 Ar 原子的平均热导率显示在图 5.12 中。结果显示四组的约化热导率数值非常接近,均收敛于 0.4 附近。很显然,只改变界面势能参数不会影响整体的热导率,因此四种情况的中心区域热导率一致。所以,比较四组的近壁面 Ar 原子热导率才可以反映各自的热导率增强程度。

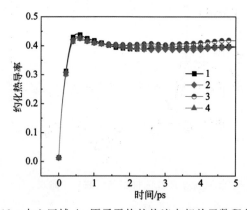

图 5.12 中心区域 Ar 原子平均的热流自相关函数积分曲线

图 5.13 显示了四种参数对应的近壁面 Ar 原子热流自相关函数积分得到的约化热导率,分别表示 x,y,z 三个方向。由于热流自相关函数曲线

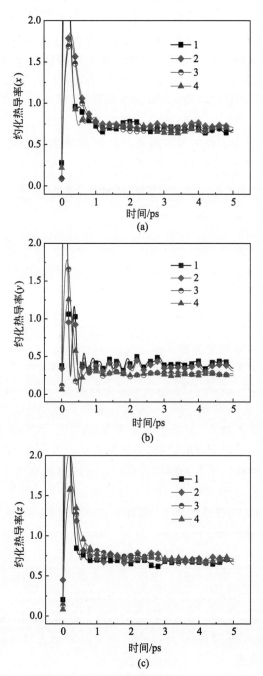

图 5.13 近壁面 Ar 原子的约化热导率：(a) x；(b) y；(c) z

振荡衰减,所以它们的积分曲线均是剧烈振荡,然后收敛于某一值,和图 5.8 的趋势完全一致。图 5.13(a) 显示四组参数对应的 x 方向的热导率没有显著区别,最终均收敛于 0.7 附近,因此改变界面的作用参数不影响 x 方向的热导率。图 5.13(b) 显示 y 方向的热导率受到界面势能参数的影响,第一组 y 方向的热导率相对较高,第四组最低,这和声子态密度的分析结果一致。图 5.13(c) 显示 z 方向的结果与 x 方向的趋势一致,四组结果相同,稳定值约为 0.7。四组界面势能参数对应的热导率增强幅度显示在表 5-3 中,热导率增强 38%～50%。

表 5-3 四组势能参数对应的热导率增强幅度

组别	1	2	3	4
热导率增强/%	50	46	41	38

5.3 本章小结

本章以液态 Ar 和金属 Au 作为研究对象,用分子动力学方法研究了界面附近的 Ar 原子热导率增强情况。

通过计算 Ar 原子系统的能量分布发现,近壁面 Ar 原子的势能和总能远低于中心区域的。数密度分布显示原子数密度在界面附近激增,并出现了类似于晶体的规则排布。另外,通过计算各区域 Ar 原子的声子态密度发现,处于流体状态的 Ar 原子中几乎不存在声子,而越靠近基底的 Ar 原子,其声子态密度谱越向高频迁移,表明更多的声子态由于界面的作用而被激发出来,进一步确认了类晶体层的存在。通过热导率的计算结果发现,近壁面 Ar 原子的热导率相比中心区域,增强幅度可达 50%。近壁面 Ar 原子的热导率呈现出各向异性的特点,垂直于界面方向的热导率相对较低,另外两个方向的热导率一致。

同时研究了界面势能参数对导热增强的影响。随着势能参数降低,近壁面 Ar 原子数密度略微下降。而且,势能参数越大,对应的热流自相关函数衰减曲线振荡越剧烈,但是衰减速度,即弛豫时间,几乎不受影响。界面 LJ 势能参数 ε 分别取 0.0685eV,0.0585eV,0.0385eV 和 0.0185eV 时,得到热导率增强幅度分别为 50%,46%,41% 和 38%。总体上,势能参数越大,热导率增加越多。

第6章 结 论

本书从多个角度系统地研究了纳米尺度下边界(界面)对热流的影响,以及如何通过边界(界面)调控热流。首先,采用分子动力学、晶格动力学方法研究边界对石墨烯纳米带声子性质和热物性的影响,并通过建立声子气黏性模型解释边界热流衰减的原因。其次,用实验和理论相结合的方法研究纳米线界面产生的热整流现象,利用声子局域化理论解释热整流机理。第三,用分子动力学方法研究基于氢化石墨烯界面的热隐形现象,设计出热斗篷和集热器。最后,用分子动力学方法研究液态 Ar 和金属 Au 界面附近热导率增强的情况。主要的研究成果和结论有:

(1) 由于边界的影响,石墨烯纳米带的热导率大大低于石墨烯的热导率。锯齿形石墨烯纳米带具有较高的声子群速度,因此它的热导率高于扶手椅形石墨烯纳米带,两者分别为 585.4W/(m·K) 和 396.8W/(m·K)。在石墨烯中,声学声子对导热起主导作用;而在石墨烯纳米带中,声学声子的贡献大大降低,因为石墨烯纳米带色散曲线中声学支只有三支,而光学支显著增多。用分子动力学模拟计算热流分布发现,石墨烯纳米带边界热流衰减显著,越靠近边界衰减越大,而且扶手椅形的衰减程度大于锯齿形。基于热质理论建立声子气黏性模型,得到扶手椅形和锯齿形的黏性分别为 3.1×10^{-8} Pa·S 和 2.2×10^{-8} Pa·S。通过把声子气类比于真实流体可以发现,扶手椅形石墨烯纳米带的声子气边界滑移程度更小,所以它的热流更小,热导率更低。

(2) 首次通过实验证实了由纳米线界面导致的热整流效应。对于 PA/Si 交叉纳米线样品,测得 4% 左右的热整流系数,测量误差小于 1%。结果显示当热流从 Si 流向 PA 时,对应的热导更高。然后,用分子动力学模拟进一步分析表明,接触热阻或热流密度升高,均能使热整流系数升高。此外,PA/Si 纳米线的热整流效应与对应的体材料热整流效应相反。后者是由于热导率的温度依赖性,因为 PA 的热导率随温度升高而升高,而 Si 的热导率随温度升高而降低,因此当 PA 置于高温端时整体的热导率更高。而纳米线界面热整流的机理是声子局域化程度的不同。当热流从 PA 流向

Si时,界面附近的声子局域化程度大于 Si 流向 PA 时,因此后者的热导更大。

(3) 设计出基于氢化石墨烯界面的热斗篷,实现了纳米尺度下的热隐形,不同于宏观尺度下的基于坐标变换实现的热隐形。坐标变换法对纳米结构不适用,使得纳米结构界面的热隐形基于全新的作用机制。分子动力学模拟发现,氢化浓度增加,热隐形效率增加;而斗篷厚度的影响,则呈现非单调性,即在特定厚度下热隐形效果最好,这是因为斗篷厚度的增加,既降低了内部热流,又降低了外部热流,当后者程度更明显时,热隐形效率就会下降。氢分布方式对热隐形效率的影响与对热导率的影响相反,热导率越低的分布方式对应的热隐形效率越高。增加官能团质量也能够改善热隐形效率。热隐形的机理是碳碳键由 sp^2 向 sp^3 过渡导致的石墨烯态密度峰值衰减,阻碍了热流流入受保护区域,而且声子局域化程度正相关于热隐形效率。声子局域化程度越显著,热隐形效果越好。基于热斗篷思想,还设计出了能够汇聚热流的集热器。

(4) 分子动力学模拟显示,在流体 Ar 和金属 Au 的界面附近,Ar 原子出现类似于晶体的规则排布。原子数密度在近壁面处激增,而且界面附近 Ar 原子的总能量和势能远低于中心区域。处于流体状态的 Ar 原子中几乎不存在声子,但是界面附近的 Ar 原子态密度谱会发生蓝移现象,而且越靠近界面,越向高频迁移,进一步证实了界面附近的 Ar 原子拥有类似于晶体的性质。近壁面 Ar 原子的平均热导率相比于中心区域增加了约 50%,且热导率呈现出各向异性的特点,x 和 z 方向热导率一致,并高于 y 方向。这是因为 y 方向垂直于界面,原子的振动受到限制。另外,降低界面势能参数,导致近壁面 Ar 原子数密度略微下降,而且热导率增加幅度降低。总体上,界面势能参数越大,近壁面 Ar 原子的热导率增加越多。

参 考 文 献

[1] PARK J H, LEE S, KIM J H, et al. Polymeric nanomedicine for cancer therapy [J]. Progress in Polymer Science, 2008, 33(1): 113-137.

[2] SHAPIRA A, LIVNEY Y D, BROXTERMAN H J, et al. Nanomedicine for targeted cancer therapy: Towards the overcoming of drug resistance[J]. Drug Resistance Updates Reviews & Commentaries in Antimicrobial & Anticancer Chemotherapy, 2011, 14(3): 150-63.

[3] 刘凯, 邹德福, 廉五州, 等. 纳米传感器的研究现状与应用[J]. 仪表技术与传感器, 2008, 1: 10-12.

[4] TONG H, OUYANG S, BI Y, et al. Nano-photocatalytic materials: Possibilities and challenges[J]. Advanced Materials, 2012, 24(2): 229-51.

[5] SHARMA K K, ASEFA T. Efficient bifunctional nanocatalysts by simple postgrafting of spatially isolated catalytic groups on mesoporous materials[J]. Angewandte Chemie, 2007, 46(16): 2879-82.

[6] BLAKEMORE J S. Semiconducting and other major properties of gallium arsenide [J]. Journal of Applied Physics, 1982, 53(10): 123-181.

[7] GARNETT E, YANG P. Light trapping in silicon nanowire solar cells[J]. Nano Letters, 2010, 10(3): 1082-1087.

[8] EASTMAN J A, CHOI S U S, LI S, et al. Anomalously increased effective thermal conductivities of ethylene glycol-based nanofluids containing copper nanoparticles[J]. Applied Physics Letters, 2001, 78(6): 718-720.

[9] XUAN Y, QIANG L I. Heat transfer enhancement of nanofluids[J]. Journal of Engineering Thermophysics, 2000, 21(1): 58-64.

[10] IIJIMA S. Helical microtubules of graphitic carbon[J]. Nature, 1991, 354(6348): 56-58.

[11] ERIC P, DAVID M, QIAN W, et al. Thermal conductance of an individual single-wall carbon nanotube above room temperature[J]. Nano Letters, 2005, 6(1): 96-100.

[12] NOVOSELOV K S, GEIM A K, MOROZOV S V, et al. Electric field effect in atomically thin carbon films[J]. Science, 2004, 306(5696): 666-669.

[13] 十三五规划纲要[EB/OL], 2016[2018-05-30]. http://www.sh.xinhuanet.com/2016-03/18/c_135200400_2.htm.

[14] 中国制造 2025[EB/OL], 2014[2018-05-30]. http://www.agri.cn/V20/SC/jjps/201505/t20150520_4605792.htm.

[15] LI D, WU Y, KIM P, et al. Thermal conductivity of individual silicon nanowires[J]. Applied Physics Letters, 2003, 83(14): 2934-2936.

[16] CHENG W, REN S F. Size effect of thermal conductivity of Si nanocrystals[J]. Solid State Communications, 2008, 147(7): 274-277.

[17] HOU C, XU J, GE W, et al. Molecular dynamics simulation overcoming the finite size effects of thermal conductivity of bulk silicon and silicon nanowires[J]. Modelling & Simulation in Materials Science & Engineering, 2016, 24(4): 045005-1-4.

[18] SELLAN D P, LANDRY E S, TURNEY J E, et al. Size effects in molecular dynamics thermal conductivity predictions[J]. Physical Review B, 2010, 60(21): 515-526.

[19] MIRACLE D B, CONCUSTELL A, ZHANG Y, et al. Shear bands in metallic glasses: Size effects on thermal profiles[J]. Acta Materialia, 2011, 59(7): 2831-2840.

[20] HERON J S, FOURNIER T, MINGO N, et al. Mesoscopic size effects on the thermal conductance of silicon nanowire[J]. Nano Letters, 2009, 9(5): 1861-1865.

[21] HSIAO T K, CHANG H K, LIOU S C, et al. Observation of room-temperature ballistic thermal conduction persisting over 8.3 μm in SiGe nanowires[J]. Nature Nanotechnology, 2013, 8(7): 5497-5499.

[22] CHEN G. Ballistic-diffusive heat-conduction equations[J]. Physical Review Letters, 2001, 86(11): 2297-3300.

[23] CHEN G. Thermal conductivity and ballistic-phonon transport in the cross-plane direction of superlattices[J]. Physical Review B, 1998, 57(23): 14958-14973.

[24] CHEN G. Ballistic-diffusive equations for transient heat conduction from nano to macroscales[J]. Journal of Heat Transfer, 2002, 124(2): 320.

[25] DU X, SKACHKO I, BARKER A, et al. Approaching ballistic transport in suspended graphene[J]. Nature Nanotechnology, 2008, 3(8): 491-495.

[26] MANN D, JAVEY A, KONG J, et al. Ballistic transport in metallic nanotubes with reliable Pd ohmic contacts[J]. Nano Letters, 2003, 3(11): 1541-1544.

[27] ARESHKIN D A, GUNLYCKE D, WHITE C T. Ballistic transport in graphene nanostrips in the presence of disorder: Importance of edge effects[J]. Nano Letters, 2007, 7(1): 204-210.

[28] BARINGHAUS J, RUAN M, EDLER F, et al. Exceptional ballistic transport in epitaxial graphene nanoribbons[J]. Nature, 2014, 506(7488): 349-354.

[29] GUNLYCKE D, LAWLER H M, WHITE C T. Room-temperature ballistic

transport in narrow graphene strips[J]. Physical Review B, 2006, 75(8): 794-802.

[30] ASHEGHI M, LEUNG Y K, WONG S S, et al. Phonon-boundary scattering in thin silicon layers[J]. Applied Physics Letters, 1997, 71(13): 1798-1800.

[31] LÜ X, SHEN W Z, CHU J H. Size effect on the thermal conductivity of nanowires[J]. Journal of Applied Physics, 2002, 91(3): 1542-1552.

[32] HUA Y C, CAO B Y. Ballistic-diffusive heat conduction in multiply-constrained nanostructures[J]. International Journal of Thermal Sciences, 2016, 101: 126-132.

[33] MAJUMDAR A. Microscale heat conduction in dielectric thin films[J]. Asme Transactions Journal of Heat Transfer, 1993, 115(1): 7-16.

[34] ALVAREZ F X, JOU D. Memory and nonlocal effects in heat transport: From diffusive to ballistic regimes[J]. Applied Physics Letters, 2007, 90(8): 083109-1-3.

[35] SELLITTO A, ALVAREZ F X, JOU D. Second law of thermodynamics and phonon-boundary conditions in nanowires[J]. Journal of Applied Physics, 2010, 107(6): 064302-064302-7.

[36] 董源. 非傅里叶导热的动力学分析及其在纳米系统中的应用[D]. 北京:清华大学, 2014.

[37] KULEYEV I, KULEYEV I G, BAKHAREV S M, et al. Relaxation times and mean free paths of phonons in the boundary scattering regime for silicon single crystals[J]. Physics of the Solid State, 2013, 55(1): 31-44.

[38] QIU B, RUAN X. Reduction of spectral phonon relaxation times from suspended to supported graphene[J]. Applied Physics Letters, 2012, 100(19): 193101-1-4.

[39] LINDSAY L, BROIDO D A, MINGO N. Lattice thermal conductivity of single-walled carbon nanotubes: Beyond the relaxation time approximation and phonon-phonon scattering selection rules [J]. Physical Review B, 2009, 80(80): 754-758.

[40] YE Z Q, CAO B Y, YAO W J, et al. Spectral phonon thermal properties in graphene nanoribbons[J]. Carbon, 2015, 93: 915-923.

[41] 玻恩, 黄昆, 葛惟锟, 等. 晶格动力学理论[M]. 北京:北京大学出版社, 1989: 1-190.

[42] SAITO R, DRESSELHAUS G, DRESSELHAUS M S. Physical properties of carbon nanotubes[M]. London: Imperial College Press, 1998: 623-630.

[43] AKSAMIJA Z, KNEZEVIC I. Lattice thermal conductivity of graphene nanoribbons: Anisotropy and edge roughness scattering[J]. Applied Physics Letters, 2011, 98(14): 1530-1535.

[44] STARR C. The copper oxide rectifier[J]. Physics, 1936, 7(1): 15-19.

[45] LI B, WANG L, CASATI G. Negative differential thermal resistance and thermal transistor[J]. Applied Physics Letters, 2006, 88(14): 143501-143501-3.

[46] LEI W, LI B. Thermal memory: A storage of phononic information[J]. Physical Review Letters, 2008, 101(26): 267203-1-4.

[47] BEN-ABDALLAH P, BIEHS S A. Phase-change radiative thermal diode[J]. Applied Physics Letters, 2013, 103(19): 191907-1-3.

[48] LI N, REN J, WANG L, et al. Phononics: Manipulating heat flow with electronic analogs and beyond[J]. Review of Modern Physics, 2011, 84: 1045-1066.

[49] ROBERTS N A, WALKER D G. A review of thermal rectification observations and models in solid materials[J]. International Journal of Thermal Sciences, 2011, 50(5): 648-662.

[50] BENDER N, BODYFELT J D, RAMEZANI H, et al. Observation of asymmetric transport in structures with active nonlinearities[J]. Physical Review Letters, 2013, 110(23): 345-351.

[51] TERRANEO M, PEYRARD M, CASATI G. Controlling the energy flow in nonlinear lattices: A model for a thermal rectifier[J]. Physical Review Letters, 2002, 88(9): 094302-1-4.

[52] LIU Z, LI B. Heat conduction in simple networks: The effect of interchain coupling[J]. Physical Review E, 2007, 76(5): 051118-1-5.

[53] WANG L, LI B. Thermal logic gates: Computation with phonons[J]. Physical Review Letters, 2007, 99(17): 117208-1-4.

[54] YANG N, ZHANG G, LI B. Thermal rectification in asymmetric graphene ribbons[J]. Applied Physics Letters, 2009, 95(3): 033107-1-3.

[55] WU G, LI B. Thermal rectification in carbon nanotube intramolecular junctions: Molecular dynamics calculations[J]. Physical Review B, 2007, 76(8): 085424-1-4.

[56] LIU Y Y, ZHOU W X, TANG L M, et al. An important mechanism for thermal rectification in graded nanowires[J]. Applied Physics Letters, 2014, 105(20): 203111-1-5.

[57] CHANG C W, OKAWA D, MAJUMDAR A, et al. Solid-state thermal rectifier[J]. Science, 2006, 314(5802): 1121-1124.

[58] MARTÍNEZ-PÉREZ M J, FORNIERI A, GIAZOTTO F. Rectification of electronic heat current by a hybrid thermal diode[J]. Nature Nanotechnology, 2015, 10(4): 303-307.

[59] LEE J, VARSHNEY V, ROY A K, et al. Thermal rectification in three-

dimensional asymmetric nanostructure [J]. Nano Letters, 2012, 12 (7): 3491-3496.

[60] YANG N, ZHANG G, LI B. Carbon nanocone: A promising thermal rectifier [J]. Applied Physics Letters, 2009, 93(24): 243111-1-3.

[61] DAMES C. Solid-state thermal rectification with existing bulk materials[J]. Journal of Heat Transfer, 2009, 131(6): 177-181.

[62] TSO C Y, CHAO C Y H. Solid-state thermal diode with shape memory alloys [J]. International Journal of Heat & Mass Transfer, 2016, 93: 605-611.

[63] HU M, GOICOCHEA J V, MICHEL B, et al. Thermal rectification at water/functionalized silica interfaces[J]. Applied Physics Letters, 2009, 95(15): 151903-1-3.

[64] CHEN Z, WONG C, LUBNER S, et al. A photon thermal diode[J]. Nature Communications, 2014, 5: 5446-5446.

[65] WANG Y, VALLABHANENI A, HU J, et al. Phonon lateral confinement enables thermal rectification in asymmetric single-material nanostructures[J]. Nano Letters, 2014, 14(2): 592-596.

[66] NOYA E G, SRIVASTAVA D, MENON M. Heat-pulse rectification in carbon nanotube Y junctions[J]. Physical Review B, 2009, 79(11): 115432-1-5.

[67] OTEY C R, LAU W T, FAN S. Thermal rectification through vacuum[J]. Physical Review Letters, 2010, 104(15): 154301-1-4.

[68] ZHANG X, HU M, TANG D. Thermal rectification at silicon/horizontally aligned carbon nanotube interfaces[J]. Journal of Applied Physics, 2013, 113(19): 194307-1-4.

[69] SEGAL D. Absence of thermal rectification in asymmetric harmonic chains with self-consistent reservoirs[J]. Physical Review E, 2009, 79(1): 199-206.

[70] TIAN H, XIE D, YANG Y, et al. A novel solid-state thermal rectifier based on reduced graphene oxide[J]. Scientific Reports, 2011, 2(7): 00523-1-7.

[71] HU M, KEBLINSKI P, LI B. Thermal rectification at silicon-amorphous polyethylene interface[J]. Applied Physics Letters, 2008, 92(21): 211908-1-3.

[72] ZHU J, HIPPALGAONKAR K, SHEN S, et al. Temperature-gated thermal rectifier for active heat flow control[J]. Nano Letters, 2014, 14(8): 4867-4872.

[73] COTTRILL A L, STRANO M S. Analysis of thermal diodes enabled by junctions of phase change materials[J]. Advanced Energy Materials, 2015, 5(23): 1500921-1-10.

[74] XIE R, BUI C T, VARGHESE B, et al. An electrically tuned solid-state thermal memory based on metal-insulator transition of single-crystalline VO_2 nanobeams[J]. Advanced Functional Materials, 2011, 21(9): 1602-1607.

[75] CHEN R, CUI Y, TIAN H, et al. Controllable thermal rectification realized in

binary phase change composites[J]. Scientific Reports, 2015, 5: 08884-1-8.

[76] MAIER J, SCHEER E, LEIDERER P, et al. A thermal diode using phonon rectification[J]. New Journal of Physics, 2011, 13(11): 1367-1403.

[77] XU W, ZHANG G, LI B. Interfacial thermal resistance and thermal rectification between suspended and encased single layer graphene[J]. Journal of Applied Physics, 2014, 116(13): 134303-1-8.

[78] HU J, RUAN X, CHEN Y P. Thermal conductivity and thermal rectification in graphene nanoribbons: A molecular dynamics study[J]. Nano Letters, 2009, 9(7): 2730-2735.

[79] LIU X, ZHANG G, ZHANG Y W. Graphene-based thermal modulators[J]. Nano Research, 2015, 8(8): 2755-2762.

[80] RURALI R, CARTOIXÀ X, COLOMBO L. Heat transport across a SiGe nanowire axial junction: Interface thermal resistance and thermal rectification[J]. Physical Review B, 2014, 90(90): 041408-1-4.

[81] REN J, ZHU J X. Heat diode effect and negative differential thermal conductance across nanoscale metal-dielectric interfaces[J]. Physical Review B, 2013, 87(24): 291-295.

[82] WANG J, ZHENG Z. Heat conduction and reversed thermal diode: The interface effect[J]. Physical Review E, 2010, 81(1): 95-102.

[83] ZHANG T, LUO T. Thermal diodes: Giant thermal rectification from polyethylene nanofiber thermal diodes[J]. Small, 2015, 11(36): 4656-4656.

[84] FAN C Z, GAO Y, HUANG J P. Shaped graded materials with an apparent negative thermal conductivity[J]. Applied Physics Letters, 2008, 92(25): 251907-1-3.

[85] PENDRY J B, SCHURIG D, SMITH D R. Controlling electromagnetic fields [J]. Science, 2006, 312(5781): 1780-1782.

[86] FARHAT M, ENOCH S, GUENNEAU S, et al. Broadband cylindrical acoustic cloak for linear surface waves in a fluid[J]. Physical Review Letters, 2008, 101(13): 6216-6220.

[87] ZENG L C, SCHAIBLE S, YAO J C. Fick's second law transformed: One path to cloaking in mass diffusion[J]. Journal of the Royal Society Interface, 2013, 10(83): 20130106-1-4.

[88] NICOLET A, ZOLLA F, GUENNEAU S. Electromagnetic analysis of cylindrical cloaks of an arbitrary cross section[J]. Optics Letters, 2008, 33(14): 1584-1586.

[89] ERGIN T, STENGER N, BRENNER P, et al. Three-dimensional invisibility cloak at optical wavelengths[J]. Science, 2010, 328(5976): 337-339.

[90] BAO D, RAJAB K Z, HAO Y, et al. All-dielectric invisibility cloaks made of

BaTiO$_3$-loaded polyurethane foam[J]. New Journal of Physics, 2011, 13(10): 103023-103035.

[91] NARAYANA S, SATO Y. Heat flow manipulation with engineered thermal materials[J]. Physical Review Letters, 2012, 108(21): 2010-2014.

[92] HAN T, BAI X, GAO D, et al. Experimental demonstration of a bilayer thermal cloak[J]. Physical Review Letters, 2014, 112(5): 115-151.

[93] GUENNEAU S, AMRA C, VEYNANTE D. Transformation thermodynamics: Cloaking and concentrating heat flow [J]. Optics Express, 2012, 20 (7): 8207-8218.

[94] NGUYEN D M, XU H, ZHANG Y, et al. Active thermal cloak[J]. Applied Physics Letters, 2015, 107(12): 016623-1-4.

[95] HU R, WEI X, HU J, et al. Local heating realization by reverse thermal cloak [J]. Scientific Reports, 2014, 4(1): 254-254.

[96] XU H, SHI X, GAO F, et al. Ultrathin three-dimensional thermal cloak[J]. Physical Review Letters, 2014, 112(5): 054301-1-4.

[97] HAN T, YUAN T, LI B, et al. Homogeneous thermal cloak with constant conductivity and tunable heat localization[J]. Scientific Reports, 2013, 3(4): 132-132.

[98] MALDOVAN M. Narrow low-frequency spectrum and heat management by thermocrystals[J]. Physical Review Letters, 2013, 110(2): 025902-1-4.

[99] SCHITTNY R, KADIC M, GUENNEAU S, et al. Experiments on transformation thermodynamics: Molding the flow of heat[J]. Physical Review Letters, 2012, 110(19): 195901-1-4.

[100] YANG T, HUANG L, CHEN F, et al. Heat flow and temperature field cloaks for arbitrarily shaped objects[J]. Journal of Physics D Applied Physics, 2013, 46(30): 305102-1-4.

[101] FUMERON S, PEREIRA E, MORAES F. Modeling heat conduction in the presence of a dislocation[J]. International Journal of Thermal Sciences, 2013, 67: 64-71.

[102] NARAYANA S, SAVO S, SATO Y. Transient heat flow shielding using thermal metamaterials[J]. Applied Physics Letters, 2013, 102(20): 201904-1-3.

[103] DEDE E M, NOMURA T, SCHMALENBERG P, et al. Heat flow cloaking, focusing, and reversal in ultra-thin composites considering conduction-convection effects[J]. Applied Physics Letters, 2013, 103(6): 063501-1-4.

[104] VEMURI K P, BANDARU P R. Geometrical considerations in the control and manipulation of conductive heat flow in multilayered thermal metamaterials[J]. Physics, 2013, 103(13): 133111-1-4.

[105] HE X, WU L. Design of two-dimensional open cloaks with finite material parameters for thermodynamics[J]. Applied Physics Letters, 2013, 102(21): 211912-1-4.

[106] LI J Y, GAO Y, HUANG J P. A bifunctional cloak using transformation media [J]. Journal of Applied Physics, 2010, 108(7): 074504-1-5.

[107] MA Y, LAN L, JIANG W, et al. A transient thermal cloak experimentally realized through a rescaled diffusion equation with anisotropic thermal diffusivity [J]. Npg Asia Materials, 2013, 5(11): 73-78.

[108] PETITEAU D, GUENNEAU S, BELLIEUD M, et al. Spectral effectiveness of engineered thermal cloaks in the frequency regime[J]. Scientific Reports, 2014, 4(19): 7386-7386.

[109] LI Y, SHEN X, WU Z, et al. Temperature-dependent transformation thermotics: From switchable thermal cloaks to macroscopic thermal diodes[J]. Physical Review Letters, 2015, 115(19): 195503-1-4.

[110] HAN T, XUE B, THONG J T L, et al. Full control and manipulation of heat signatures: Cloaking, camouflage and thermal metamaterials[J]. Advanced Materials, 2014, 26(11): 1731-1734.

[111] 孙良奎, 于哲峰, 黄洁. 基于超材料的定向传热结构研究与设计[J]. 物理学报, 2015, 64(8): 84401-1-4.

[112] NAN C W, BIRRINGER R, CLARKE D R, et al. Effective thermal conductivity of particulate composites with interfacial thermal resistance[J]. Journal of Applied Physics, 1997, 81(10): 6692-6699.

[113] LYNCH J F, SPINDEL R C, CHING-SANG C, et al. Effective thermal conductivity of composites with interfacial thermal barrier resistance[J]. Journal of Composite Materials, 1987, 21(6): 508-515.

[114] EVANS W, PRASHER R, FISH J, et al. Effect of aggregation and interfacial thermal resistance on thermal conductivity of nanocomposites and colloidal nanofluids[J]. International Journal of Heat & Mass Transfer, 2008, 51(5): 1431-1438.

[115] BRYNING M B, MILKIE D E, ISLAM M F, et al. Thermal conductivity and interfacial resistance in single-wall carbon nanotube epoxy composites [J]. Applied Physics Letters, 2005, 87(16): 161909-1-3.

[116] LI B, LAN J, WANG L. Interface thermal resistance between dissimilar anharmonic lattices[J]. Physical Review Letters, 2005, 95(10): 104302-1-4.

[117] XUE Q, XU W M. A model of thermal conductivity of nanofluids with interfacial shells[J]. Materials Chemistry & Physics, 2005, 90(2): 298-301.

[118] XUE L, KEBLINSKI P, PHILLPOT S R, et al. Two regimes of thermal resistance at a liquid-solid interface[J]. Journal of Chemical Physics, 2002,

118(1): 337-339.
[119] SHIBAHARA M, OHARA T. Effects of the nanostructural geometry at a liquid-solid interface on the interfacial thermal resistance and the liquid molecular non-equilibrium behaviors [J]. Journal of Thermal Science & Technology, 2011, 6(2): 247-255.
[120] LEONG K C, YANG C, MURSHED S M S. A model for the thermal conductivity of nanofluids-the effect of interfacial layer [J]. Journal of Nanoparticle Research, 2006, 8(2): 245-254.
[121] MAO R, KONG B D, KIM K W, et al. Phonon engineering in nanostructures: Controlling interfacial thermal resistance in multilayer-graphene/dielectric heterojunctions[J]. Applied Physics Letters, 2012, 101(11): 113111-1-4.
[122] SHAIKH S, LAFDI K, SILVERMAN E. The effect of a CNT interface on the thermal resistance of contacting surfaces[J]. Carbon, 2007, 45(4): 695-703.
[123] KHARE R, KEBLINSKI P, YETHIRAJ A. Molecular dynamics simulations of heat and momentum transfer at a solid-fluid interface: Relationship between thermal and velocity slip[J]. International Journal of Heat & Mass Transfer, 2006, 49(19): 3401-3407.
[124] WANG J, WANG M, LI Z. A lattice Boltzmann algorithm for fluid-solid conjugate heat transfer[J]. International Journal of Thermal Sciences, 2007, 46(3): 228-234.
[125] XIE H, FUJII M, ZHANG X. Effect of interfacial nanolayer on the effective thermal conductivity of nanoparticle-fluid mixture[J]. International Journal of Heat & Mass Transfer, 2005, 48(14):2926-2932.
[126] GUO Z X, ZHANG D, GONG X G. Manipulating thermal conductivity through substrate coupling[J]. Physical Review B, 2010, 84(7): 9226-9231.
[127] LIANG Z, TSAI H L. Thermal conductivity of interfacial layers in nanofluids [J]. Physical Review E, 2011, 83(4): 685-696.
[128] BRENNER D W, SHENDEROVA O A, HARRISON J, et al. A second-generation reactive empirical bond order(REBO) potential energy expression for hydrocarbons[J]. Journal of Physics Condensed Matter, 2002, 14 (4): 783-802.
[129] KAVIANY M. Heat Transfer Physics[M]. Cambridge: Cambridge University Press, 2008: 1-175.
[130] BALANDIN A A, GHOSH S, BAO W, et al. Extremely high thermal conductivity of graphene: Experimental study[J]. Eprint Arxiv, 2008, 8: 902-907.
[131] ZHANG Y, TAN Y W, STORMER H L, et al. Experimental observation of quantum hall effect and berry's phase in graphene [J]. Nature, 2005,

438(7065): 1-7.
[132] BRANISLAV K N, SAHA K K, MARKUSSEN T, et al. First-principles quantum transport modeling of thermoelectricity in single-molecule nanojunctions with graphene nanoribbon electrodes[J]. Journal of Computational Electronics, 2012, 11(1): 78-92.
[133] MORELLI D T, HEREMANS J P, SLACK G A. Estimation of the isotope effect on the lattice thermal conductivity of group IV and group III-V semiconductors[J]. Physical Review B, 2002, 66(19): 248-248.
[134] FENG T, RUAN X. Prediction of spectral phonon mean free path and thermal conductivity with applications to thermoelectrics and thermal management: A review[J]. Journal of Nanomaterials, 2014, 2014(3): 1-25.
[135] SEOL J H, JO I, MOORE A L, et al. Two-dimensional phonon transport in supported graphene[J]. Science, 2010, 328(5975): 213-216.
[136] WANG Y, QIU B, RUAN X. Edge effect on thermal transport in graphene nanoribbons: A phonon localization mechanism beyond edge roughness scattering[J]. Applied Physics Letters, 2012, 101(1): 013101-1-4.
[137] GUAJARDO-CUELLAR A, GO D B, SEN M. Evaluation of heat current formulations for equilibrium molecular dynamics calculations of thermal conductivity[J]. Journal of Chemical Physics, 2010, 132(10): 104111-1-7.
[138] CHE J, CAGIN T, DENG W, GODDARD III W A. Thermal conductivity of diamond and related materials from molecular dynamics simulations[J]. Journal of Chemical Physics, 2000, 113(16): 6888-6900.
[139] DONG J, SANKEY O F, MYLES C W. Theoretical study of the lattice thermal conductivity in Ge framework semiconductors[J]. Physical Review Letter, 2001, 86(11): 2361-2364.
[140] LI J, PORTER L, YIP S. Atomistic modeling of finite-temperature properties of crystalline β-SiC: II. Thermal conductivity and effects of point defects[J]. Journal of Nuclear Materials, 1998, 255(2): 139-152.
[141] CHEN Y, Local stress and heat flow in atomistic systems involving three-body forces[J]. Journal of Chemical Physics, 2006, 124(5): 054113-1-6.
[142] 过增元, 曹炳阳, 朱宏晔, 等. 声子气的状态方程和声子气运动的守恒方程[J]. 物理学报, 2007, 56(6): 3306-3312.
[143] 过增元, 曹炳阳. 基于热质运动概念的普适导热定律. 物理学报[J], 2008, 57(7): 4273-4281.
[144] MASON W P. Phonon viscosity and its effect on acoustic wave attenuation and dislocation motion[J]. Journal of the Acoustical Society of America, 1960, 32(4): 458-472.
[145] MARIS H J. Phonon-phonon interactions in liquid helium[J]. Reviews of

Modern Physics, 1977, 49(2): 341-359.

[146] 李如生. 平衡和非平衡统计力学[M]. 北京：清华大学出版社, 1995: 194-199.

[147] BERENDSEN H J C, POSTMA J P M, GUNSTEREN W F V, et al. Molecular dynamics with coupling to an external bath[J]. Journal of Chemical Physics, 1984, 81(8): 3684-3690.

[148] ZHENG J, WINGERT M C, DECHAUMPHAI E, et al. Sub-picowatt/kelvin resistive thermometry for probing nanoscale thermal transport[J]. Review of Scientific Instruments, 2013, 84(11): 114901-1-4.

[149] ZHONG Z, WINGERT M C, STRZALKA J, et al. Structure-induced enhancement of thermal conductivities in electrospun polymer nanofibers[J]. Nanoscale, 2014, 6(14): 8283-8291.

[150] GOUDEAU S, CHARLOT M, VERGELATI A C, et al. Atomistic simulation of the water influence on the local structure of polyamide 6, 6 [J]. Macromolecules, 2004, 37(21): 8072-8081.

[151] CALDWELL J W, KOLLMAN P A. Structure and properties of neat liquids using nonadditive molecular dynamics: Water, methanol, and n-methylacetamide[J]. Journal of Chemical Physics, 1995, 99(16): 6208-6219.

[152] STILLINGER F H, WEBER T A. Computer-simulation of local order in condensed phases of silicon[J]. Physical Review B, 1985, 31(8): 5262-5271.

[153] PLIMPTON S. Fast parallel algorithms for short-range molecular-dynamics [J]. Journal of Computational Physics, 1995, 117(1): 1-19.

[154] HOWELL P C. Comparison of molecular dynamics methods and interatomic potentials for calculating the thermal conductivity of silicon[J]. Journal of Chemical Physics, 2012, 137(22): 3896-3903.

[155] MERIC I, HAN M Y, YOUNG A F, et al. Current saturation in zero-bandgap, top-gated graphene field-effect transistors [J]. Nature Nanotechnology, 2008, 3(11): 654-659.

[156] PEI Q X, SHA Z D, ZHANG Y W. A theoretical analysis of the thermal conductivity of hydrogenated graphene[J]. Carbon, 2011, 49(14): 4752-4759.

[157] ZHOU J, WANG Q, SUN Q, et al. Ferromagnetism in semihydrogenated graphene sheet[J]. Nano Letters, 2009, 9(11): 3867-3870.

[158] MATIS B R, BURGESS J S, BULAT F A, et al. Surface doping and band gap tunability in hydrogenated graphene[J]. Acs Nano, 2016, 6(1): 17-22.

[159] GAO H, WANG L, ZHAO J, et al. Band gap tuning of hydrogenated graphene: H coverage and configuration dependence[J]. Journal of Physical Chemistry C, 2011, 115(8): 3236-3242.

[160] RAJABPOUR A, ALLAEI S M V, KOWSARY F. Interface thermal resistance and thermal rectification in hybrid graphene-graphane nanoribbons: A

nonequilibrium molecular dynamics study[J]. Applied Physics Letters, 2011, 99(5): 051917-1-3.

[161] HUSSAIN T, SARKAR A D, AHUJA R. Functionalization of hydrogenated graphene by polylithiated species for efficient hydrogen storage[J]. International Journal of Hydrogen Energy, 2014, 39(6): 2560-2566.

[162] FUGALLO G, CEPELLOTTI A, PAULATTO L, et al. Thermal conductivity of graphene and graphite: collective excitations and mean free paths[J]. Nano Letters, 2014, 14(11): 6109-6114.

[163] SOFER Z, JANKOVSKÝ O, ŠIMEK P, et al. Highly hydrogenated graphene via active hydrogen reduction of graphene oxide in the aqueous phase at room temperature[J]. Nanoscale, 2014, 6(4): 2153-2160.

[164] ZHANG L, WANG X. Atomistic insights into the nanohelix of hydrogenated graphene: Formation, characterization and application[J]. Physical Chemistry Chemical Physics, 2014, 16(7): 2981-2988.

[165] KNIPPENBERG M T, MIKULSKI P T, RYAN K E, et al. Bond-order potentials with split-charge equilibration: Application to C—, H—, and O— containing systems[J]. Journal of Chemical Physics, 2012, 136(16): 164701-1-4.

[166] ELIAS D C, NAIR R R, MOHIUDDIN T M G, et al. Control of graphene's properties by reversible hydrogenation: Evidence for graphene[J]. Science, 2009, 323(5914): 610-613.

[167] DAW M S, BASKES M I. Embedded-atom method: Derivation and application to impurities, surfaces, and other defects in metals[J]. Physical Review B, 1984, 29(12): 6443-6453.

[168] FOILES S M, BASKES M I, DAW M S. Embedded-atom-method functions for the fcc metals Cu, Ag, Au, Ni, Pd, Pt, and their alloys[J]. Physical Review B, 1986, 33(12):7983-7991.

[169] YE Z, CAO B, GUO Z. High and anisotropic thermal conductivity of body-centered tetragonal C 4 calculated using molecular dynamics[J]. Carbon, 2014, 666(6): 567-575.

[170] WANG J S, ZHANG L. Phonon hall thermal conductivity from Green-Kubo formula[J]. Physical Review B, 2009, 80(1): 012301-1-4.

在学期间发表的学术论文与获得的奖励

发表的学术论文

[1] **YE Z Q**, CAO B Y, GUO Z Y. High and anisotropic thermal conductivity of body-centered tetragonal C4 calculated using molecular dynamics[J]. Carbon, 2014, 66: 567-575. (SCI 收录, 检索号: 260DM, IF: 6.198)

[2] 叶振强, 曹炳阳, 过增元. 石墨烯的声子热学性质研究. 物理学报, 2014, 63: 154704-1-7. (SCI 收录, 检索号: AN5OF, IF: 0.677)

[3] **YE Z Q**, CAO B Y, YAO W J, FENG T L, RUAN X L. Spectral phonon thermal properties in graphene nanoribbons[J]. Carbon, 2015, 93: 915-923. (SCI 收录, 检索号: CQ0ND, IF: 6.198)

[4] **YE Z Q**, CAO B Y. Nanoscale thermal cloaking in graphene by chemical functionalization [J]. Physical Chemistry Chemical Physics, 2016, 18, 32952-32961. (SCI 收录, DOI: 10.1039/C6CP07098A, IF: 4.449)

[5] 叶振强, 董源, 曹炳阳, 过增元. 声子气的黏性. 工程热物理学报, 2014, 38: 1637-1641. (EI 收录, 检索号: 20143800068194)

[6] 叶振强, 曹炳阳, 李元伟. 热导率的平衡分子动力学模拟中的热流计算. 计算物理, 2015, 32: 186-194.

[7] CAO B Y, YAO W J, **YE Z Q**. Networked nanoconstrictions: An effective route to tuning the thermal transport properties of graphene[J]. Carbon, 2016, 96: 711-719. (SCI 收录, 检索号: CY0EB, IF: 6.198)

[8] ZOU J H, **YE Z Q**, CAO B Y. Phonon thermal properties of graphene from molecular dynamics using different potentials[J]. Journal of Chemical Physics, 2016, 145: 134705-1-10. (SCI 收录, 检索号: DZ8XP, IF: 2.95)

[9] FENG T, RUAN X, **YE Z Q**, CAO B Y. Spectral phonon mean free path and thermal conductivity accumulation in defected graphene: The effects of defect type and concentration[J]. Physical Review B, 2015, 91: 224301-1-12. (SCI 收录, 检索号: CJ6QW, IF: 3.718)

获得的奖励

[1] 2015 年工程热物理年会传热传质分会"王补宣青年优秀论文奖"一等奖.
[2] 2015 年清华大学光华奖学金二等奖.
[3] 2014 年清华大学清华之友——高田奖学金一等奖.
[4] 2013 年清华大学研究生学习奖学金二等奖.

致　　谢

首先，由衷地感谢我的导师过增元教授，这位传热大组的领军人给了我在传热大家庭学习、成长的机会。过老师对科学的热爱与执着深深地打动着我，并激励我向前进。同时，过老师对我个人生活的关怀也如涓涓细流，滋润心田。

其次，衷心感谢我的副导师曹炳阳教授对我辛勤、无私的指导。曹老师对科研认真、严谨的态度，是我们小组每一个同学学习的榜样。正是曹老师事无巨细的指导，把我从一个充满棱角的矿石转为一块温润精致的玉器。

此外，我还要感谢周红老师，她像妈妈般关爱着我。不管是学术方面的困难，还是生活方面的烦恼，周老师总能够给我力量去跨越坎坷。在此，我衷心地感谢周老师。

感谢梁新刚教授、张兴教授等所有传热组老师对本书的关心和帮助。感谢传热组这个大家庭里的每一个兄弟姐妹，尤其是董若宇、华钰超、姚文俊、邹济杭、杨薛明老师。

感谢加利福尼亚大学圣迭戈分校的 Renkun Chen 教授和他课题组的成员，在交流访问期间，给我提供了一个非常好的实验条件，没有他们的支持，我的热整流实验不可能顺利完成。

感谢我的家人一直以来给予我的关怀，他们也是我努力奋斗的动力源泉。家庭的温暖帮我渡过了每一次坎坷，谢谢他们。

本课题承蒙国家自然科学基金（51322603，51136001，51356001）、新世纪优秀人才计划、清华大学自主科研计划、清华大学信息科学与技术国家实验室及中国国家留学基金委资助，特此致谢。

叶振强

2016 年 9 月 28 日